Peter Böttle/Gerd Fehmel
Formeln und Tabellen Elektrotechnik

Dipl.-Ing. Peter Böttle
Dipl.-Ing. Gerd Fehmel

Formeln und Tabellen Elektrotechnik

3., überarbeitete Auflage

Vogel Buchverlag

Die Deutsche Bibliothek – CIP-Einheitsaufnahme

Böttle, Peter:
Formeln und Tabellen Elektrotechnik / Peter Böttle ; Gerd Fehmel. – 3., überarb. Aufl. – Würzburg : Vogel, 1994
(Vogel-Fachbuch : Die Meisterprüfung)
ISBN 3-8023-1532-4
NE: Fehmel, Gerd:; HST

ISBN 3-8023-1532-4
3. Auflage. 1994

Satz: Satz-Offizin Hümmer GmbH, Waldbüttelbrunn
Druck und Verarbeitung: Echter Würzburg

Vorwort

Diese Formel- und Tabellensammlung aus der Elektrotechnik ergänzt die Fachbuchgruppe «Die Meisterprüfung in der Elektrotechnik». Vorbild war die über vier Jahrzehnte weiterentwickelte «Hausformelsammlung» der Bundesfachlehranstalt für Elektrotechnik (bfe) in Oldenburg. Ihre kompakte und übersichtliche Form fand bei vielen Ausbildungsstätten und Prüfungskommissionen reges Interesse und führte zu der vorliegenden Fassung. Sie wurde absichtlich so kurz wie möglich gehalten, damit

- ☐ die Handhabung praktisch ist und
- ☐ sie auch in Prüfungen und Klausuren eingesetzt werden kann, in denen keine Unterlagen mit Musteraufgaben zugelassen sind.

Um den Überblick nicht zu verlieren, wurde bewußt darauf verzichtet, die Formeln für jede Größe umzustellen. Das «Internationale Einheitensystem (SI)» fand konsequent Anwendung.

Die Beschäftigten in den energietechnischen Elektroberufen mit den heute selbstverständlich dazugehörenden Elektronikanteilen sind die hauptsächliche Zielgruppe der Formelsammlung.

Oldenburg und Würzburg — Verfasser und Verlag

In der Fachbuchgruppe «Die Meisterprüfung in der Elektrotechnik» sind bisher erschienen:

Böttle/Friedrichs: Mathematische und elektrotechnische Grundlagen

Boy/Dunkhase: Elektro-Intallationstechnik

Fehmel/Flachmann/Mai: Elektrische Maschinen

Boy/Bruckert/Wessels: Elektrische Steuerungs- und Antriebstechnik

Folkerts/Friedrichs: Hausgeräte-, Beleuchtungs- und Klimatechnik

Böttle/Boy/Grothusmann: Elektrische Meß- und Regelungstechnik

Dugge/Haferkamp: Grundlagen der Elektronik

Böttle/Friedrichs: Aufgaben und Ergebnisse Elektrotechnik

Böttle/Fehmel: Formeln und Tabellen Elektrotechnik

Ebenfalls im Vogel Buchverlag sind in der Fachbuchgruppe «Elektronik» erschienen:

Beuth/Beuth: Elementare Elektronik

Meister: Elektrotechnische Grundlagen
(Elektronik 1)

Beuth: Bauelemente
(Elektronik 2)

Beuth/Schmusch: Grundschaltungen
(Elektronik 3)

Beuth: Digitaltechnik
(Elektronik 4)

Müller/Walz: Mikroprozessortechnik
(Elektronik 5)

Schmusch: Elektronische Meßtechnik
(Elektronik 6)

Inhalt

1 Größen, Formelzeichen und Einheiten

Größe	Formelzeichen	Einheiten-zeichen	Erklärung

1.1 Raumgrößen

Strecke, Länge, Durchmesser	s; l; d	m	Meter
Fläche	A	m²	Quadratmeter
Volumen	V	m³	Kubikmeter
Winkel	α; β; γ; φ	rad; °	Radiant; Grad $1° = \frac{\pi}{180}$ rad

1.2 Zeitgrößen – zeitabhängige Größen

Zeit, Zeitspanne	t	s	Sekunde
Periodendauer, Umlaufzeit	T	s	
Zeitkonstante	τ	s	
Frequenz	f	1 Hz = 1/s	Herz, Schwingungen pro Sekunde
Kreisfrequenz, Winkelgeschwindigkeit	ω	1/s	
Umdrehungsfrequenz (Drehzahl)	n	1/s (1/min)	Umläufe pro Sekunde 1/s = 60/min
Phasenverschiebungs-winkel	φ	°	Grad
Geschwindigkeit	v	m/s	Meter pro Sekunde
Beschleunigung	a	m/s²	Meter pro Sekunde²

1.3 Mechanische Größen

Masse; Gewicht im Sinne einer Wägung	*m*	kg	Kilogramm
Kraft; Gewichtskraft	*F*; *G*	N	Newton
Dichte	ρ	kg/m^3; kg/dm^3	$1\ kg/m^3 = 10^{-3}\ kg/dm^3$
Arbeit; Energie	*W*; *E*	J	Joule $1\ J = 1\ N \cdot m = 1\ W \cdot s$
Leistung	*P*	W	Watt $1\ W = 1\ J/s = 1\ N \cdot m/s$
Trägheitsmoment	*J*	$kg \cdot m^2$	
Moment, Drehmoment	*M*	$N \cdot m$	
Druck	*p*	Pa	Pascal $1\ Pa = 1\ N/m^2$ $= 10^{-5}$ bar

1.4 Wärmetechnik (Thermodynamik)

Wärmemenge, Wärmearbeit	*Q*	J	Joule $1\ J = 1\ N \cdot m = 1\ W \cdot s$
spezifische Wärmemenge	*c*	$\frac{J}{kg \cdot K}$	
Wärmeleitfähigkeit	*λ*	$\frac{W}{m \cdot K}$	
Temperatur, thermodynamische Temperatur	ϑ *T*	°C K	Grad Celsius Kelvin
Temperaturdifferenz	$\Delta\vartheta$	K	Kelvin
Längenausdehnungs-koeffizient	α_l	1/K	$1/K = 1\ \frac{m}{m \cdot K}$
elektrischer Widerstands-Temperatur-koeffizient	α	1/K	$1/K = 1\ \frac{\Omega}{\Omega \cdot K}$

1.5 Elektrische Größen

Elektrizitätsmenge, elektrische Ladung	Q	C	Coulomb; 1 C = 1 A · s
elektrische Spannung: Potentialdifferenz; Potential für Momentanwerte	 U u	 V	 Volt
elektrische Stromstärke für Momentanwerte	I i	A	Ampere
elektrische Leistung: Wirkleistung Blindleistung Scheinleistung	 P; P_p Q; P_q S; P_s	 W W oder var W oder VA	 Watt Watt oder Voltampere reaktiv Watt oder Voltampere
elektrischer Widerstand: ohmscher Widerstand (Resistanz) Blindwiderstand induktiver Widerstand kapazitiver Widerstand Scheinwiderstand (Impedanz)	 R X X_L X_C Z	 Ω Ω Ω	 Ohm; 1 Ω = 1 V/A
elektrischer Leitwert: Wirkleitwert Blindleitwert induktiver Leitwert kapazitiver Leitwert Scheinleitwert	 G B B_L B_C Y	 S S S	 Siemens; 1 S = 1/Ω
spezifischer elektrischer Widerstand	ρ	$\Omega \cdot m$; $\frac{\Omega \cdot mm^2}{m}$	$1 \Omega \cdot m = 10^4 \frac{\Omega \cdot mm^2}{m}$
spezifischer elektrischer Leitwert; elektrische Leitfähigkeit	γ; κ	S/m; $\frac{m}{\Omega \cdot mm^2}$	$1\ S/m = 10^{-4} \frac{m}{\Omega \cdot mm^2}$

elektrische Stromdichte	*J*; *S*	A/m^2; A/mm^2	$1\ A/m^2 = 10^{-6}\ A/mm^2$
Induktivität; Selbstinduktivität	*L*	H	Henry; $1\ H = 1\ \frac{V \cdot s}{A}$
elektrische Kapazität	*C*	F	Farad; $1\ F = 1\ \frac{A \cdot s}{V}$
elektrische Feldstärke	*E*	V/m; V/mm	$1\ V/m = 10^{-3}\ V/mm$
Permittivität (früher Dielektrizitäts-konstante) elektrische Feldkonstante Permittivitätszahl (früher Dielektrizitäts-zahl)	ε ε_0 ε_r	F/m $\approx 8{,}85 \cdot 10^{-12}$ F/m 1	$1\ F/m = 1\ \frac{A \cdot s}{V \cdot m}$

1.6 Magnetische Größen

elektrische Durchflutung, magnetische Spannung	Θ	A	Ampere
magnetische Feldstärke	*H*	A/m	Ampere pro Meter
magnetische Flußdichte, Induktion	*B*	T	Tesla; $1\ T = 1\ \frac{V \cdot s}{m^2}$
magnetischer Fluß	Φ	Wb	Weber; $1\ Wb = 1\ V \cdot s$
magnetischer Widerstand	R_m	1/H	$1\ \frac{A}{V \cdot s} = 1/H$
magnetischer Leitwert	Λ	H	Henry; $1\ H = 1\ \frac{V \cdot s}{A}$
Permeabilität (magn. Leitfähigkeit) magnetische Feldkonstante Permeabilitätszahl	μ μ_0 μ_r	H/m $\approx 1{,}257 \cdot 10^{-6}$ H/m 1	Henry pro Meter
Windungszahl	*N*; *w*	1	im allgemeinen *N*; bei elektr. Maschinen *w*, wenn *N* für Nutenzahl

1.7 Lichtgrößen

Lichtstärke	I_V	cd	Candela
Lichtstrom	Φ_V	lm	Lumen; 1 lm = 1 cd · sr
Beleuchtungsstärke	E_V	$\mathrm{lx} = \frac{\mathrm{lm}}{\mathrm{m}^2}$	Lux
Leuchtdichte	L_V	$\frac{\mathrm{cd}}{\mathrm{m}^2}$ od. $\frac{\mathrm{cd}}{\mathrm{cm}^2}$	
Lichtausbeute	η	$\frac{\mathrm{lm}}{\mathrm{W}}$	Lumen pro Watt
Absorptionsgrad	α	1	
Reflexionsgrad	φ	1	
Transmissionsgrad	τ	1	
Raumwinkel	Ω, ω	sr	steradiant

2 Mathematische und andere Zeichen

2.1 Mathematische Zeichen

Zeichen	Bedeutung – Sprechweise

a) Ordnungszeichen

1.	erstens
...	und so weiter bis
$r_1, r_2 \dots r_n$	r eins; r zwei; r n

b) Gleichheit; Ungleichheit

=	gleich
≠	nicht gleich; ungleich
~	verhältnisgleich; proportional
≈	angenähert gleich; etwa; rund
≙	entspricht
<	kleiner als
>	größer als
≪	klein gegen; erheblich kleiner als
≫	groß gegen; erheblich größer als

c) Rechenvorgänge

+	plus	
−	minus	
·	mal	
———	geteilt durch (gerader Bruchstrich)	
%	Prozent (geteilt durch Hundert)	
‰	Promille (geteilt durch Tausend)	
<[( )]>	spitze, eckige, runde Klammer	
$\sqrt{}$	Quadratwurzel aus; zweite Wurzel aus	
Σ	Summe	Werte, für die eines dieser Zeichen gilt, sind in Klammern zu setzen!
Δ	Differenz	
Π	Produkt	
∞	unendlich	

d) Geometrische Zeichen

$\parallel$	parallel
$\nparallel$	nicht parallel
$\perp$	rechtwinklig auf
$\sphericalangle$	Winkel
⊾	rechter Winkel
$\overline{AB}$	Strecke von A nach B
$\overset{\frown}{AB}$	Bogen von A nach B
arc α	Bogenmaß zum Winkel α; arcus α

2.2 Vorsätze bei Einheiten

Atto	=	a	=	10^{-18}
Femto	=	f	=	10^{-15}
Pico	=	p	=	10^{-12}
Nano	=	n	=	10^{-9}
Micro	=	µ	=	10^{-6}
Milli	=	m	=	10^{-3}
Zenti	=	c	=	10^{-2}
Dezi	=	d	=	10^{-1}
Deka	=	da	=	10^{1}
Hekto	=	h	=	10^{2}
Kilo	=	k	=	10^{3}
Mega	=	M	=	10^{6}
Giga	=	G	=	10^{9}
Tera	=	T	=	10^{12}

2.3 Griechisches Alphabet

Alpha	A	α	Ny	N	ν
Beta	B	β	Xi	Ξ	ξ
Gamma	Γ	γ	Omikron	O	o
Delta	Δ	δ	Pi	Π	π
Epsilon	E	ε	Rho	P	ρ
Zeta	Z	ζ	Sigma	Σ	σ
Eta	H	η	Tau	T	τ
Theta	Θ	ϑ	Ypsilon	Y	υ
Jota	I	ι	Phi	Φ	φ
Kappa	K	κ	Chi	X	χ
Lambda	Λ	λ	Psi	Ψ	ψ
My	M	μ	Omega	Ω	ω

3 Flächen- und Körperberechnung

Quadrat

$$A = a^2$$
$$U = 4 \cdot a$$
$$e = \sqrt{2} \cdot a$$

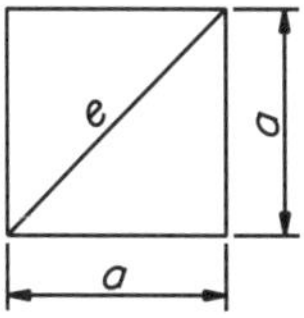

Rechteck

$$A = a \cdot h$$
$$U = 2\,(a + h)$$
$$e = \sqrt{a^2 + h^2}$$

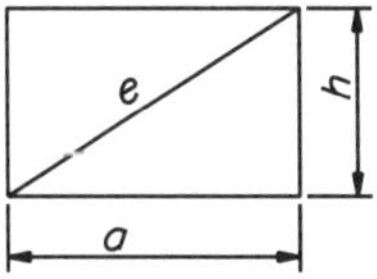

Verschobenes Viereck

$$A = a \cdot h$$
$$U = 2\,(a + b)$$

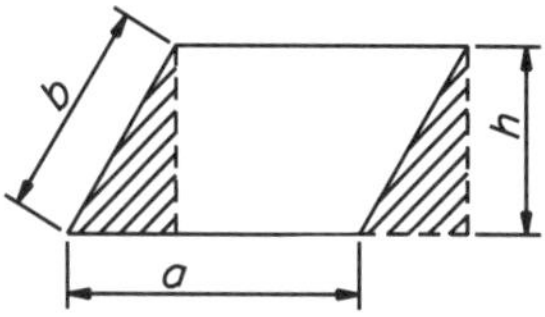

Dreieck

$$A = \frac{a \cdot h}{2}$$

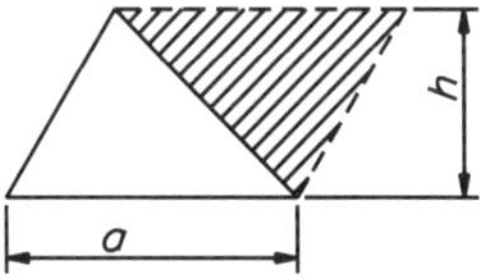

Trapez

$$A = \frac{a + b}{2} \cdot h$$
$$A = m \cdot h$$

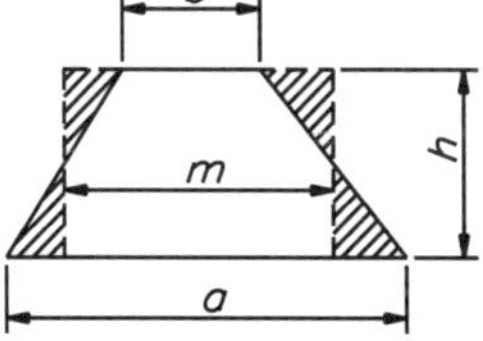

Kreis

$$A = \frac{d^2 \cdot \pi}{4}$$
$$U = d \cdot \pi$$

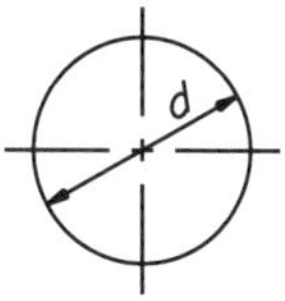

Kreisring

$$A = \frac{\pi}{4}\,(D^2 - d^2)$$

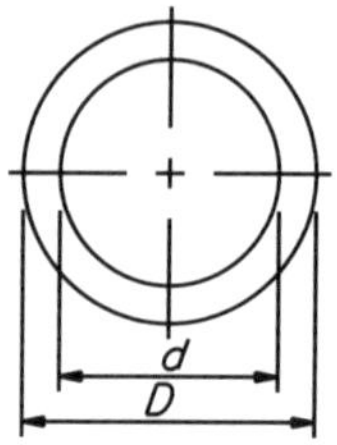

Kreisausschnitt

$$A = \frac{d^2 \cdot \pi \cdot \alpha}{4 \cdot 360°}$$

$$b = \frac{d \cdot \pi \cdot \alpha}{360°}$$

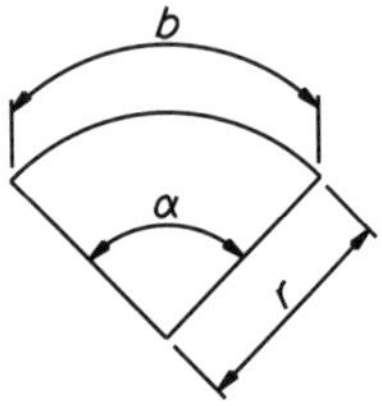

Würfel

$$V = a^3$$

$$D = \sqrt{3} \cdot a$$

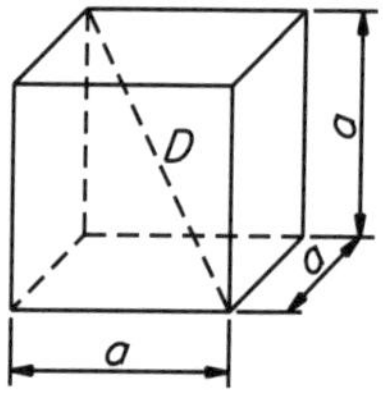

Prisma

$$V = a \cdot b \cdot h$$

$$V = A \cdot h$$

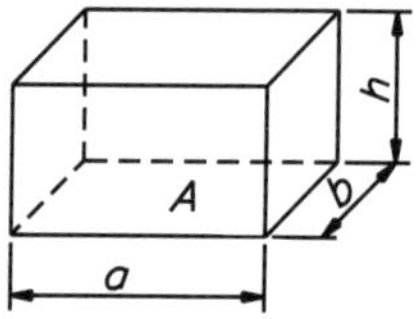

Zylinder

$$V = \frac{d^2 \cdot \pi}{4} \cdot h$$

$$V = A \cdot h$$

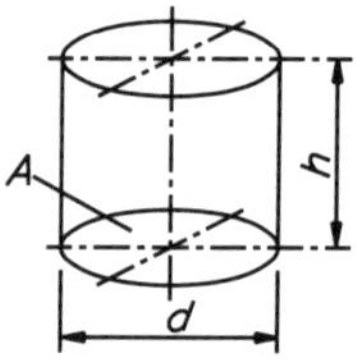

Körper mit gleichem Querschnitt:
Volumen = Querschnittsfläche · Höhe

Kegel

$$V = \frac{d^2 \cdot \pi \cdot h}{12}$$

$$V = \frac{A \cdot h}{3}$$

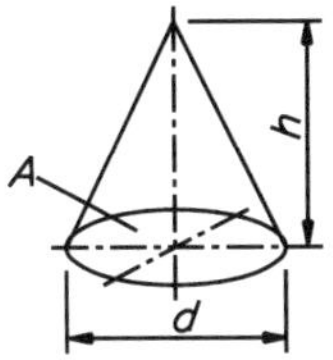

Pyramide

$$V = \frac{a^2 \cdot h}{3}$$

$$V = \frac{A \cdot h}{3}$$

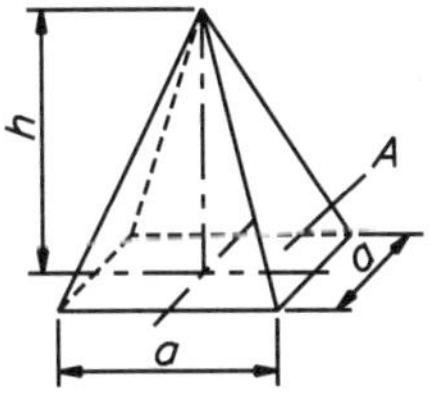

Kugel

$$V = \frac{d^3 \cdot \pi}{6}$$

$$A = d^2 \cdot \pi$$

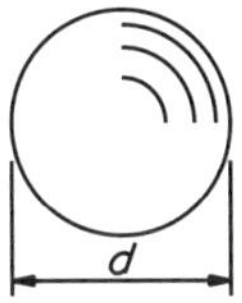

Guldinsche Regel

$$V = A \cdot s$$

$$V = A \cdot d \cdot \pi$$

Volumen = Querschnittsfläche · Schwerpunktsweg

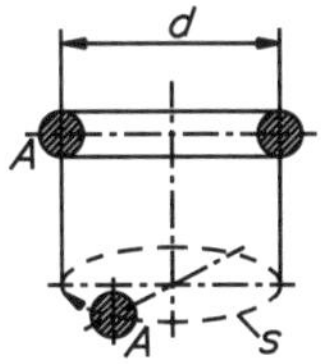

4 Winkelfunktionen am rechtwinkligen Dreieck

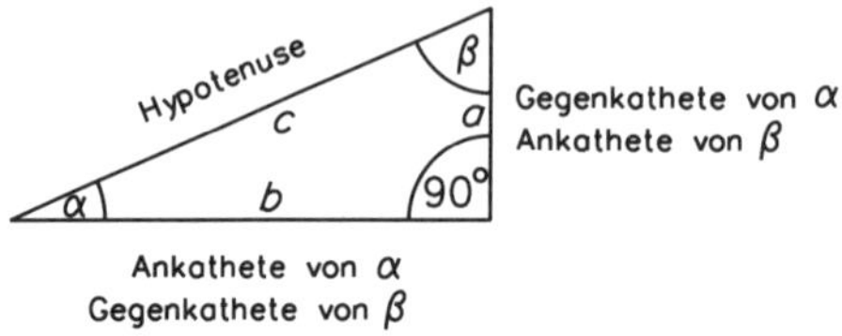

Sinusfunktion gleich Gegenkathete durch Hypotenuse

$$\sin\alpha = \frac{a}{c}; \qquad \sin\beta = \frac{b}{c}$$

Cosinusfunktion gleich Ankathete durch Hypotenuse

$$\cos\alpha = \frac{b}{c}; \qquad \cos\beta = \frac{a}{c}$$

Tangensfunktion gleich Gegenkathete durch Ankathete

$$\tan\alpha = \frac{a}{b}; \qquad \tan\beta = \frac{b}{a}$$

Lehrsatz des Pythagoras:
Die Fläche des Hypotenusenquadrats ist gleich der Summe der beiden Kathetenquadrate.

$$a^2 + b^2 = c^2$$

5 Mechanik

5.1 Geometrische Addition von Kräften

Grundgesetz der Statik:
Die Summe aller horizontalen und aller vertikalen Kräfte an einem Körper ist gleich null.

Resultierende Kraft: $\vec{F}_R = \vec{F}_1 + \vec{F}_2$ Addition nach Betrag und Richtung

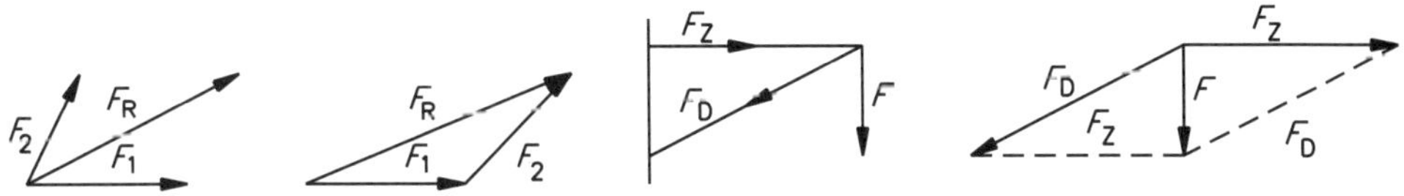

Zeigerbild Additionsbild Aufbauzeichnung Kräftediagramm

5.2 Hebelgesetz, Drehmoment

Die Summe der rechtsdrehenden Momente ist gleich der Summe der linksdrehenden Momente.

Drehmoment:

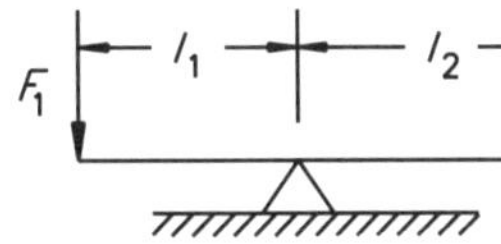

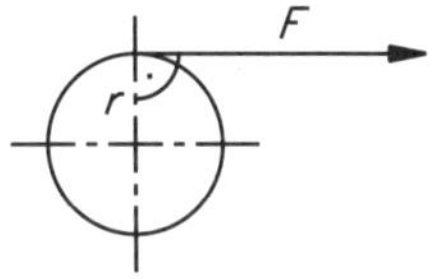

$M = F_1 \cdot l_1 = F_2 \cdot l_2$ $M = F \cdot r$ N · m

5.3 Übersetzung, Getriebe

Die Umfangsgeschwindigkeit der Räder ist gleich.

Übersetzungsverhältnis: $i = \frac{n_1}{n_2} = \frac{d_2}{d_1} = \frac{Z_2}{Z_1}$

Index 1 treibendes Rad
Index 2 getriebenes Rad

Übersetzung mit Schneckengetriebe: $\frac{n_S}{n_R} = \frac{Z_R}{g_S}$

n_S Umdrehungsfrequenz der Schnecke
n_R Umdrehungsfrequenz des Schneckenrades
g_S Gangzahl der Schnecke
Z_R Zähnezahl des Schneckenrades

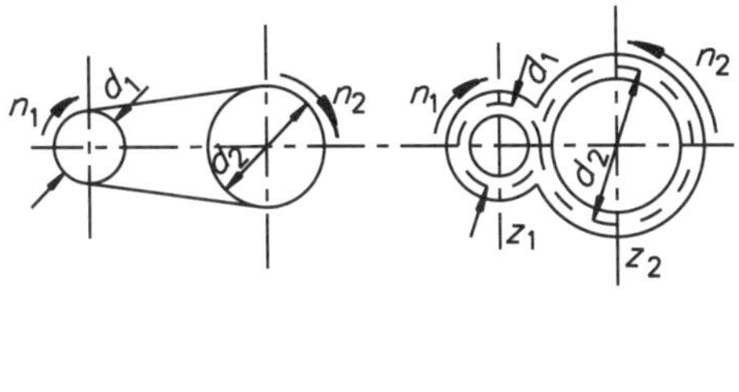

5.4 Masse (Gewicht), Dichte, Volumen

Masse (Gewicht) eines Körpers: $m = V \cdot \rho$ kg
V Volumen in dm^3
ρ Dichte in kg/dm^3

Gewichtskraft: $G = m \cdot g = V \cdot \rho \cdot g$ *N*
$g \approx 9{,}81\ m/s^2$ Erdbeschleunigung

Drahtmasse (Drahtgewicht): $m = A \cdot l \cdot \rho \cdot 10^{-3}$ kg;
A Drahtquerschnitt in mm^2
l Drahtlänge in m
ρ Dichte in kg/dm^3

5.5 Drahtlänge einer Spule

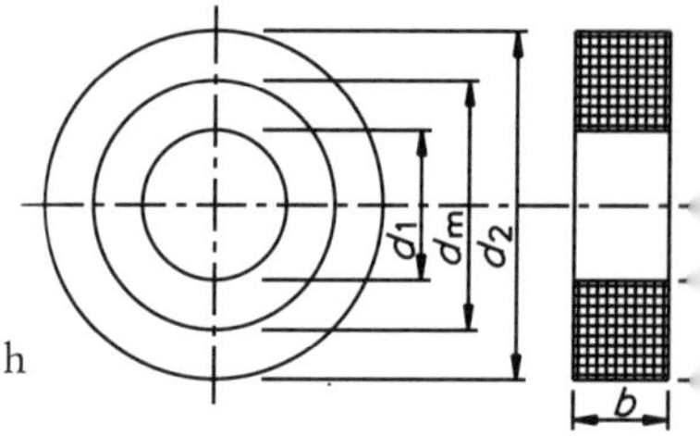

N Windungszahl

Rundspule

Wickelhöhe: $$h = \frac{d_2 - d_1}{2}$$

mittlerer Windungsdurchmesser: $$d_m = \frac{d_2 + d_1}{2} = d_1 + h$$

mittlere Windungslänge: $l_m = \pi \cdot d_m$

Drahtlänge: $l = l_m \cdot N$

Rechteckspule (symmetrisch)

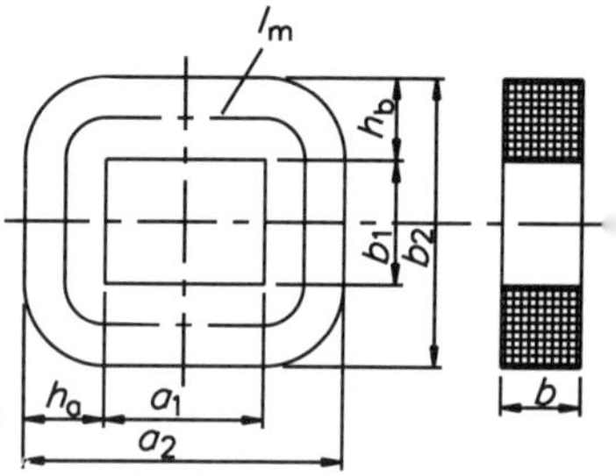

Wickelhöhe: $$h_a = h_b = h = \frac{a_2 - a_1}{2} = \frac{b_2 - b_1}{2}$$

mittlere Windungslänge: $l_m = 2 \cdot (a_1 + b_1) + \pi \cdot h$

Drahtlänge: $l = l_m \cdot N$

Leiterquerschnitt: $$A_1 = \frac{d^2 \cdot \pi}{4}$$

gesamte Leiterquerschnittsfläche: $A_L = A_1 \cdot N$

Wickelfläche: $A_W = b \cdot h$

Füllfaktor: $$f = \frac{A_L}{A_W}$$

5.6 Kinematik

Geschwindigkeit:	$v = \frac{s}{t}$	$\frac{m}{s}$; $\left(1\frac{m}{s} = 3{,}6\frac{km}{h}\right)$
Beschleunigung (gleichförmig) bei Anfangsgeschwindigkeit $v_0 = 0$:	$a = \frac{v}{t} = \frac{2 \cdot s}{t^2}$	$\frac{m}{s^2}$
allgemein:	$a = \frac{\Delta v}{\Delta t} = \frac{v_2 - v_1}{t_2 - t_1}$	
Geschwindigkeit nach gleichförmiger Beschleunigung:	$v = a \cdot t$	$\frac{m}{s}$
freier Fall:	$v = g \cdot t$	$g \approx 9{,}81\,\frac{m}{s^2}$ Erdbeschleunigung
zurückgelegter Weg während einer gleichförmigen Beschleunigung von $v_0 = 0$ bis Endgeschwindigkeit v:	$s = \frac{a \cdot t^2}{2} = \frac{v^2}{2 \cdot a}$	m
Winkelgeschwindigkeit:	$\omega = 2 \cdot \pi \cdot n$	$\frac{1}{s}$
Umfangsgeschwindigkeit:	$v = d \cdot \pi \cdot n = \omega \cdot r$	$\frac{m}{s}$
Winkelbeschleunigung:	$\varepsilon = \frac{\Delta\omega}{\Delta t}$	$\frac{1}{s^2}$

5.7 Dynamisches Grundgesetz

Kraft, Massenträgheit:	$F = m \cdot a$	$1\,N = 1\frac{kg \cdot m}{s^2}$
Trägheitsmoment:	$J = m \cdot r^2$	$kg \cdot m^2$ r Trägheitsradius
Fliehkraft:	$F = m \cdot r \cdot \omega^2$	N
Drehmoment:	$M = J \cdot \varepsilon$	$N \cdot m$

Energie der Bewegung, kinetische Energie

geradlinige Bewegung (translatorische Bewegung):

$$W_K = \frac{m \cdot v^2}{2} \qquad 1\,\mathrm{J} = 1\,\mathrm{W} \cdot \mathrm{s} = 1\,\mathrm{N} \cdot \mathrm{m}$$

drehende Bewegung (rotatorische Bewegung):

$$W_K = \frac{J \cdot \omega^2}{2}$$

Energie der Lage, potentielle Energie:

$$W_P = F \cdot s = G \cdot h \qquad 1\,\mathrm{J} = 1\,\mathrm{W} \cdot \mathrm{s} = 1\,\mathrm{N} \cdot \mathrm{m}$$

mechanische Leistung geradlinige Bewegung:

$$P = F \cdot v = \frac{F \cdot s}{t} \qquad 1\,\frac{\mathrm{J}}{\mathrm{s}} = 1\,\mathrm{W} = 1\,\frac{\mathrm{N} \cdot \mathrm{m}}{\mathrm{s}}$$

drehende Bewegung: $P = M \cdot \omega$ $\qquad \omega$ in $\mathrm{Hz} = \frac{1}{\mathrm{s}}$

Winkelgeschwindigkeit

M in $\mathrm{N} \cdot \mathrm{m}$

$$P = 2 \cdot \pi \cdot M \cdot n \qquad n \text{ in } \mathrm{Hz} = \frac{1}{\mathrm{s}}$$

Umdrehungsfrequenz

$$P = \frac{2 \cdot \pi}{60} \cdot M \cdot n \qquad n \text{ in } \frac{1}{\mathrm{min}}$$

$$P = \frac{M \cdot n}{9{,}55}$$

6 Grundbegriffe der Elektrotechnik (Gleichstromtechnik)

Berechnete Größe	Formel	Einheit, Erklärung
elektrische Ladung (Gleichstrom), Elektrizitätsmenge:	$Q = I \cdot t$	1 C = 1 A · s (Coulomb)
linearer elektrischer Widerstand, ohmscher Widerstand:	$R = \frac{U}{I}$	$1\,\Omega = 1\,\frac{\text{V}}{\text{A}}$ (Ohm)
differentieller elektrischer Widerstand (bei nichtlinearem Widerstand):	$r = \frac{\Delta U}{\Delta I}$	$1\,\Omega = 1\,\frac{\text{V}}{\text{A}}$ (Ohm)
elektrischer Leitwert:	$G = \frac{I}{U} = \frac{1}{R}$	$1\,\text{S} = 1\,\frac{\text{A}}{\text{V}}$ (Siemens)
Spannung am ohmschen Widerstand (Ohmsches Gesetz):	$U = I \cdot R = \frac{I}{G}$	V (Volt)
Strom im ohmschen Widerstand (Ohmsches Gesetz):	$I = \frac{U}{R} = U \cdot G$	A (Ampere)
elektrische Leistung bei Gleichstrom:	$P = U \cdot I$	1 W = 1 V · A (Watt)
Leistung am linearen Widerstand:	$P = I^2 \cdot R = \frac{U^2}{R}$	
Leistung nach Spannungsänderung bei R = konstant:	$P_2 = P_1 \cdot \left(\frac{U_2}{U_1}\right)^2$	
Leistung nach Stromänderung bei R = konstant:	$P_2 = P_1 \cdot \left(\frac{I_2}{I_1}\right)^2$	

elektrische Arbeit bei Gleichstrom: $W = U \cdot I \cdot t = U \cdot Q$ $1\,\mathrm{J} = 1\,\mathrm{V} \cdot \mathrm{A} \cdot \mathrm{s}$ (Joule)

allgemein: $W = P \cdot t$

spezifischer elektrischer Widerstand:

$$\rho = \frac{R \cdot A}{l}$$

bei metallischen Werkstoffen (Drähten):
Länge l in m; Querschnitt A in mm²
$\frac{\Omega \cdot \mathrm{mm}^2}{\mathrm{m}}$

bei anderen Stoffen:
Länge l in cm (m); Querschnitt A in cm² (m²)
$1\,\frac{\Omega \cdot \mathrm{cm}^2}{\mathrm{cm}} = 1\,\Omega \cdot \mathrm{cm}$

$$1\,\frac{\Omega \cdot \mathrm{mm}^2}{\mathrm{m}} = 10^{-4}\,\Omega \cdot \mathrm{cm} = 10^{-6}\,\Omega \cdot \mathrm{m}$$

elektrische Leitfähigkeit:
Länge l in m; Querschnitt A in mm²

γ oder $\kappa = \frac{l}{R \cdot A}$ $1\,\frac{\mathrm{m}}{\Omega \cdot \mathrm{mm}^2} = 1\,\frac{\mathrm{S} \cdot \mathrm{m}}{\mathrm{mm}^2}$

(Tabelle: Seite 109)

Leiterwiderstand
Länge l in m;
Querschnitt A in mm²

$$R = \frac{\rho \cdot l}{A} = \frac{l}{\kappa \cdot A}$$

Stromdichte: J oder $S = \frac{I}{A}$ $1\,\mathrm{A/m^2} = 10^{-6}\,\mathrm{A/mm^2}$

Von einem Gleichstrom in einem Elektrolysebad ausgeschiedene Stoffmenge

$m = I \cdot t \cdot c$

g (mg)
I Gleichstrom in A (bei Mischstrom arithmetischer Mittelwert I_{AV})
t Zeit in s
c elektrochemisches Äquivalent in $\frac{\mathrm{g}}{\mathrm{A} \cdot \mathrm{s}}$ oder $\frac{\mathrm{mg}}{\mathrm{A} \cdot \mathrm{s}}$

(Tabelle: Seite 109)

7 Schaltungen mit ohmschen Widerständen

7.1 Gesetze der Parallelschaltung

Kirchhoffsches Knotenpunkt- oder Stromverzweigungsgesetz allgemein:
In jedem Stromverzweigungspunkt (Knotenpunkt) ist die Summe aller Ströme in jedem Augenblick gleich null.

Anmerkung:

Unterliegen die Ströme zeitlichen Änderungen, gilt dieses nur für die Augenblickswerte oder, bei sinusförmigen Strömen gleicher Frequenz, wenn die Addition nach Betrag und Richtung erfolgt.

Bei Gleichströmen: $I_1 + I_2 + I_3 - I_4 = 0$

oder allgemein: $i_1 + i_2 + i_3 - i_4 = 0$

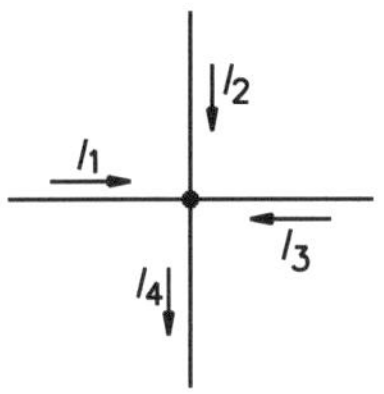

In einer Parallelschaltung von Widerständen gilt:
Die Summe aller zufließenden Ströme ist gleich der Summe aller abfließenden Ströme.

Gesamtstrom: $I = I_1 + I_2 + I_3$

Ersatzwiderstand: $R = \dfrac{1}{\dfrac{1}{R_1} + \dfrac{1}{R_2} + \dfrac{1}{R_3}}$

Ersatzleitwert: $G = G_1 + G_2 + G_3$

Verhältnisse: $\dfrac{I_1}{I_2} = \dfrac{R_2}{R_1}$

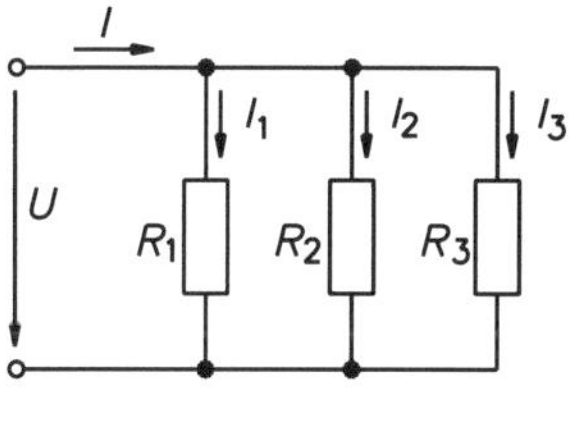

7.2 Gesetze der Reihenschaltung

Kirchhoffsches Maschengesetz allgemein:
In jeder Masche (Stromkreis) ist die Summe aller Spannungen in jedem Augenblick gleich null.

Anmerkung:

Unterliegen diese Spannungen zeitlichen Änderungen, gilt dieses nur für die Augenblickswerte oder, bei sinusförmigen Spannungen gleicher Frequenz, wenn die Addition nach Betrag und Richtung erfolgt.

Bei Gleichspannungen: $U_1 + U_2 + U_3 - U_{01} - U_{02} = 0$
oder allgemein: $u_1 + u_2 + u_3 - u_{01} - u_{02} = 0$

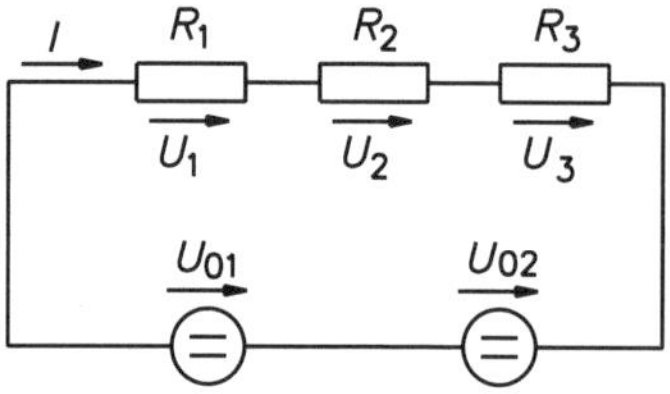

In einer Reihenschaltung von Widerständen gilt:

Gesamtspannung: $U = U_1 + U_2 + U_3$

Ersatzwiderstand: $R = R_1 + R_2 + R_3$

Verhältnisse: $\dfrac{U_1}{U_2} = \dfrac{R_1}{R_2}$

7.3 Ersatzschaltbild einer Spannungsquelle

mit linearem Innenwiderstand R_i und Urspannung U_0
Innenwiderstand: $R_i = \dfrac{U_0 - U_Q}{I_L} = \dfrac{\Delta U_Q}{\Delta I_L}$

Kurzschlußstrom: $I_K = \dfrac{U_0}{R_i}$

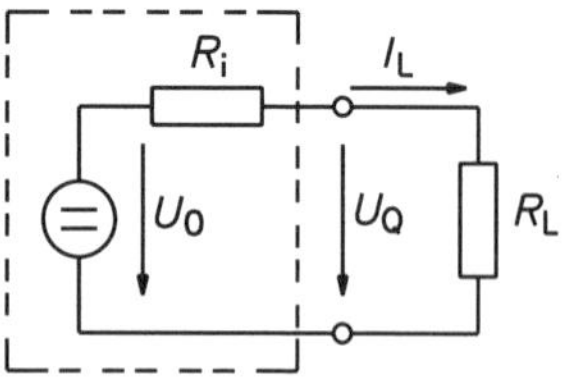

Ausgangsspannung: $U_Q = U_0 - I_L \cdot R_i$

maximale Leistungsabgabe bei *Leistungsanpassung*:

$$R_L = R_i$$

$$P_{Q\,max} = \frac{U_0^2}{4 \cdot R_i}$$

7.4 Spannungsteiler

unbelasteter Ausgang oder $R_L \gg R_2$ oder $I_L \ll I_q$

Ausgangsspannung: $$U_{Q0} = U_I \cdot \frac{R_2}{R_1 + R_2}$$

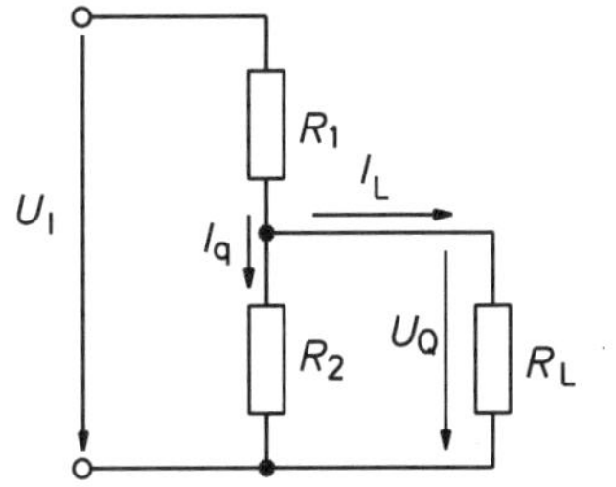

belasteter Ausgang bei gegebenem Lastwiderstand R_L

Ausgangsspannung: $$U_Q = U_I \cdot \frac{R_{ers}}{R_1 + R_{ers}}$$

mit dem Ersatzwiderstand: $$R_{ers} = \frac{1}{\frac{1}{R_2} + \frac{1}{R_L}}$$

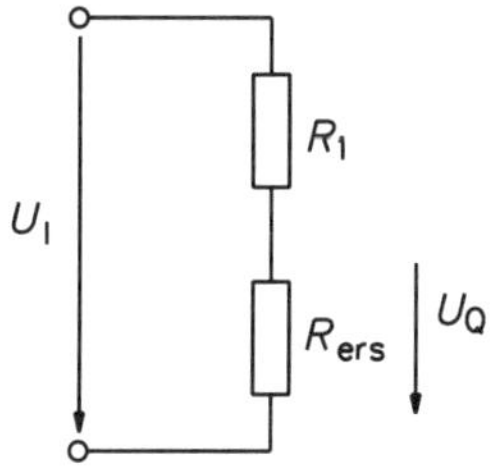

belasteter Ausgang bei gegebenem Laststrom I_L

Ausgangsspannung: $$U_Q = U_0 - I_L \cdot R_i$$

darin ist die Leerlaufspannung: $$U_0 = U_I \cdot \frac{R_2}{R_1 + R_2}$$

und der Innenwiderstand: $$R_i = \frac{1}{\frac{1}{R_1} + \frac{1}{R_2}}$$

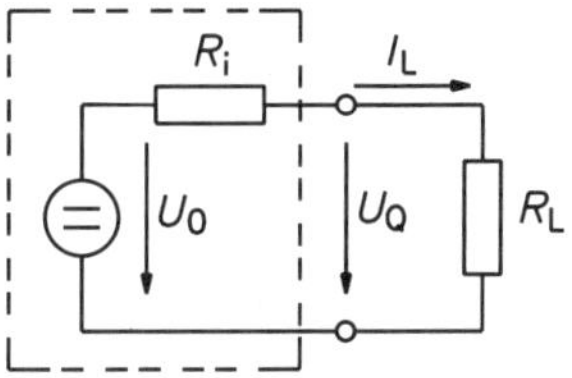

Berechnung der Spannungsteilerwiderstände für eine relativ stabile Ausgangsspannung bei Belastung

Richtwert für den Querstrom $I_q \approx 3 \ldots 10 \cdot I_L$

Längswiderstand: $$R_1 = \frac{U_I - U_Q}{I_L + I_q}$$

Querwiderstand: $$R_2 = \frac{U_Q}{I_q}$$

Berechnung der Spannungsteilerwiderstände über das Ersatzschaltbild

aus Leerlaufspannung U_0 und Innenwiderstand R_i

Längswiderstand: $$R_1 = R_i \cdot \frac{U_I}{U_0}$$

Querwiderstand: $$R_2 = R_i \frac{U_I}{U_I - U_0}$$

7.5 Wheatstone-Brückenschaltung

Abgleichbedingung für Diagonalspannung $U_Q = 0$:

$$\frac{R_1}{R_2} = \frac{R_3}{R_4} \quad \text{oder}$$

$$R_1 \cdot R_4 = R_2 \cdot R_3$$

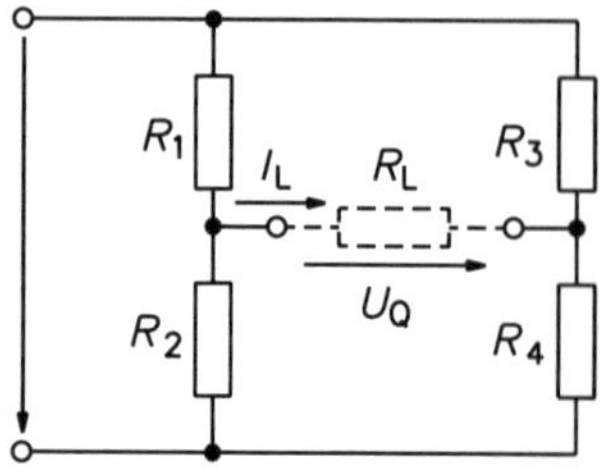

Diagonalspannung bei nicht abgeglichener Brücke

a) bei unbelastetem Diagonalzweig ($R_L = \infty$):

Spannung an R_2: $$U_{02} = U_I \cdot \frac{R_2}{R_1 + R_2}$$

Spannung an R_4: $$U_{04} = U_I \cdot \frac{R_4}{R_3 + R_4}$$

Diagonalspannung: $$U_{Q0} = U_{02} - U_{04}$$

b) Strom im Diagonalzweig bei Belastung mit einem Widerstand R_L:

$$I_L = \frac{U_{Q0}}{R_{i1} + R_{i2} + R_L}$$

mit den Innenwiderständen:

$$R_{i1} = \frac{1}{\frac{1}{R_1} + \frac{1}{R_2}}$$

und:

$$R_{i2} = \frac{1}{\frac{1}{R_3} + \frac{1}{R_4}}$$

Ersatzschaltbild

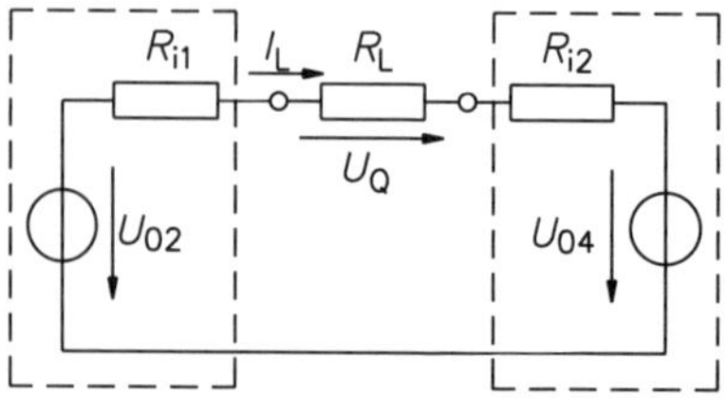

8 Temperaturbeiwert des elektrischen Widerstands

Berechnete Größe	Formel	Einheit, Erklärung
Temperaturbeiwert (oder -koeffizient) des elektrischen Widerstands: (Tabelle: Seite 109)	α_{20} oder $\alpha = \dfrac{\Delta R}{R_1 \cdot \Delta\vartheta}$	$\dfrac{1}{\mathrm{K}} = 1\,\dfrac{\Omega}{\Omega \cdot \mathrm{K}}$
Widerstandsänderung:	$\Delta R = R_2 - R_1$	Ω R_1 (R_{20}) Bezugswiderstand bei $\vartheta_1 = 20\,°\mathrm{C}$ R_2 Widerstand bei der Temperatur ϑ_2
Temperaturänderung:	$\Delta\vartheta = \vartheta_2 - \vartheta_1$	K (Kelvin)
	$\Delta\vartheta = \vartheta_2 - 20\,°\mathrm{C}$	ϑ_2 Temperatur bei R_2 ϑ_1 Bezugstemperatur auf die der Temperaturbeiwert bezogen ist, meist $\vartheta_1 = 20\,°\mathrm{C}$
Widerstandsänderung durch Temperatureinfluß:	$\Delta R = R_1 \cdot \alpha \cdot \Delta\vartheta$	Ω
Widerstand nach Temperaturänderung:	$R_2 = R_1 + \Delta R$	Ω
oder	$R_2 = R_1 \cdot (1 + \alpha \cdot \Delta\vartheta)$	
Temperaturänderung aus der Widerstandsänderung:	$\Delta\vartheta = \dfrac{R_2 - R_1}{R_1 \cdot \alpha}$	K

9 Elektrisches Feld, elektrische Kapazität (Kondensator)

Berechnete Größe	Formel	Einheit, Erklärung
Elektrische Feldstärke zwischen planparallelen Platten mit dem Abstand l (homogenes elektr. Feld):		
	$E = \frac{U}{l}$	V/m oder V/cm oder V/mm $1\ \text{V/m} = 10^{-2}\ \text{V/cm} = 10^{-3}\ \text{V/mm}$
Durchschlagfestigkeit:	$E_D = \frac{U_D}{l}$	bei trockener Luft $E_D \geqq 25 \cdot 10^3\ \text{V/cm}$
Kapazität von Kondensatoren:	$C = \frac{Q}{U} = \frac{I \cdot t}{U}$	$1\ \text{F} = 1\ \frac{\text{A} \cdot \text{s}}{\text{V}}$ (Farad)
im Kondensator gespeicherte elektrische Ladung:		
	$Q = U \cdot C$	$1\ \text{C} = 1\ \text{A} \cdot \text{s} = 1\ \text{V} \cdot \text{F}$ (Coulomb)
Kapazität zwischen planparallelen Platten:	$C = \varepsilon \cdot \frac{A}{l} = \varepsilon_0 \cdot \varepsilon_r \cdot \frac{A}{l}$	F
Permittivität:	$\varepsilon = \varepsilon_0 \cdot \varepsilon_r$	$\varepsilon_0 \approx 8{,}85 \cdot 10^{-12}\ \text{F/m}$ elektrische Feldkonstante ε_r Permittivitätszahl des Dielektrikums A in m^2 Fläche des Dielektrikums l in m Dicke des Dielektrikums
Energie des elektrischen Feldes in einem Kondensator:		
	$W = \frac{1}{2} \cdot C \cdot U^2$	$1\ \text{J} = 1\ \text{W} \cdot \text{s} = 1\ \text{F} \cdot \text{V}^2$

10 Magnetisches Feld, Induktivität (Spule)

Berechnete Größe	Formel	Einheit, Erklärung

10.1 Magnetische Größen

Elektrische Durchflutung einer Spule mit N Windungen (magnetische Urspannung):	$\Theta = I \cdot N$	A (Ampere)
magnetische Feldstärke:	$H = \frac{\Theta}{l} = \frac{I \cdot N}{l}$	A/m
magnetische Spannung (magn. Spannungsfall):	$V = H \cdot l$	A (Ampere)
magnetische Flußdichte (Induktion):	$B = \frac{\Phi}{A}$	$1\ \mathrm{T} = 1 \frac{\mathrm{V \cdot s}}{\mathrm{m}^2}$ (Tesla)
	$B = \mu \cdot H = \mu_0 \cdot \mu_r \cdot H$	$\mu_0 \approx 1{,}257 \cdot 10^{-6}$ H/m magnetische Feldkonstante μ_r Permeabilitätszahl des magnetischen Kreises
Permeabilität:	$\mu = \mu_0 \cdot \mu_r$	$1 \frac{V \cdot \mathrm{s}}{A \cdot \mathrm{m}} = 1 \frac{H}{\mathrm{m}}$
magnetischer Fluß:	$\Phi = B \cdot A$	$1\ \mathrm{Wb} = 1\ \mathrm{T \cdot m^2} = 1\ \mathrm{V \cdot s}$ (Weber)
	$\Phi = \frac{\Theta}{R_m}$	
magnetischer Widerstand (Reluktanz) eines Abschnitts in einem magnetischen Kreis:	$R_m = \frac{l}{\mu_0 \cdot \mu_r \cdot A}$	$1 \frac{1}{\mathrm{H}} = 1 \frac{\mathrm{A}}{\mathrm{V \cdot s}}$
magnetischer Leitwert, Spulenkonstante, A_L-Wert (Permeanz):	$\Lambda = A_L = \frac{1}{R_m} = \frac{\Phi}{\Theta} = \frac{\mu_0 \cdot \mu_r \cdot A}{l}$	$1\ \mathrm{H} = 1 \frac{\mathrm{V \cdot s}}{\mathrm{A}} = 1 \frac{\mathrm{Wb}}{\mathrm{A}}$ (Henry)

In einer Spule mit N Windungen induzierte Spannung
a) durch eine magnetische Flußänderung,
Induktionsgesetz:

$$u_0 = N \cdot \frac{\Delta\Phi}{\Delta t} \qquad 1\,\text{V} = 1\,\frac{\text{Wb}}{\text{s}}$$

b) durch Stromänderung,
Selbstinduktion:

$$u_0 = L \cdot \frac{\Delta i}{\Delta t} \qquad 1\,\text{V} = 1\,\frac{\text{H} \cdot \text{A}}{\text{s}}$$

Induktivität, Selbstinduktivität:

$$L = \frac{u_0 \cdot \Delta t}{\Delta i} \qquad 1\,\text{H} = 1\,\frac{\text{V} \cdot \text{s}}{\text{A}}$$

Induktivität, einer Spule
mit N Windungen:

$$L = \frac{\mu_0 \cdot \mu_r \cdot A \cdot N^2}{l} = \frac{N^2}{R_m} = N^2 \cdot A_L$$

durch Bewegung in einem
Leiter der Länge l in einem
Magnetfeld induzierte Spannung:

$$u_0 = B \cdot l \cdot v \qquad 1\,\text{V} = 1\,\text{T} \cdot \text{m} \cdot \text{m/s}$$

Energie des magnetischen Feldes
einer Spule:

$$W = \frac{1}{2} \cdot L \cdot I^2 \qquad 1\,\text{J} = 1\,\text{W} \cdot \text{s} = 1\,\text{H} \cdot \text{A}^2$$

10.2 Kraftwirkung des magnetischen Feldes

Stromdurchflossener Leiter
der Länge l im homogenen
Magnetfeld:

$$F = B \cdot l \cdot I \qquad 1\,\text{N} = 1\,\text{T} \cdot \text{m} \cdot \text{A}$$

Kraft zwischen Polflächen
(im Luftspalt) eines Elektromagneten
für Gleichstrom:

$$F \approx \frac{B_L^2 \cdot A}{2 \cdot \mu_0} \qquad 1\,\text{N} = 1\,\frac{\text{T}^2 \cdot \text{m}^2}{\frac{\text{V} \cdot \text{s}}{\text{A} \cdot \text{m}}}$$

für Wechselstrom:

$$F \approx \frac{\hat{B}_L^2 \cdot A}{4 \cdot \mu_0}$$

B_L Flußdichte im Luftspalt
$\hat{B}_L$ Scheitelwert der Flußdicht
im Luftspalt
A Polflächen in m^2

10.3 Magnetisierungskennlinien

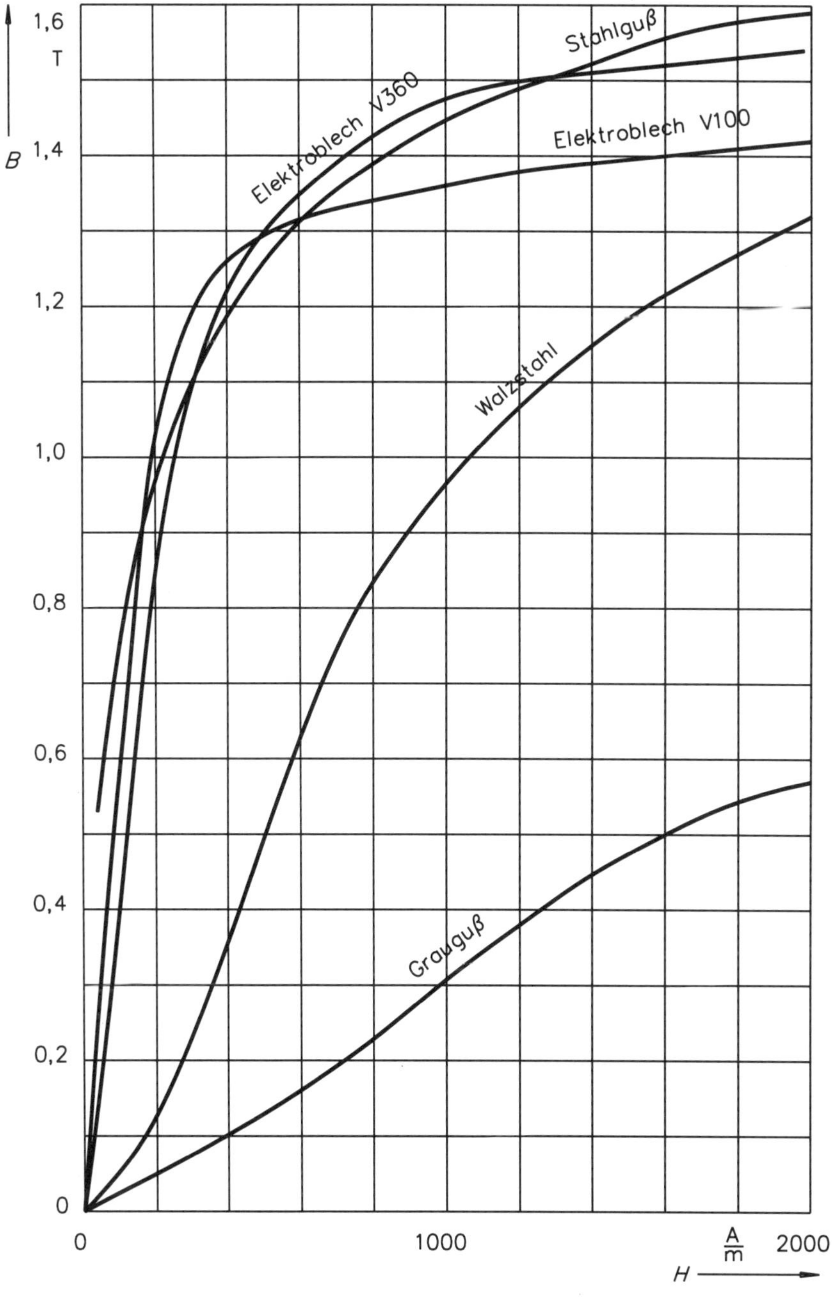

11 Wechselstromtechnik

Berechnete Größe	Formel	Einheit, Erklärung

11.1 Wechselstromgrößen

Frequenz:	$f = \frac{1}{T}$	$1\ \text{Hz} = 1 \frac{1}{\text{s}}$
Kreisfrequenz:	$\omega = 2 \cdot \pi \cdot f$	$1\ \text{Hz} = 1 \frac{1}{\text{s}}$

Liniendiagramm

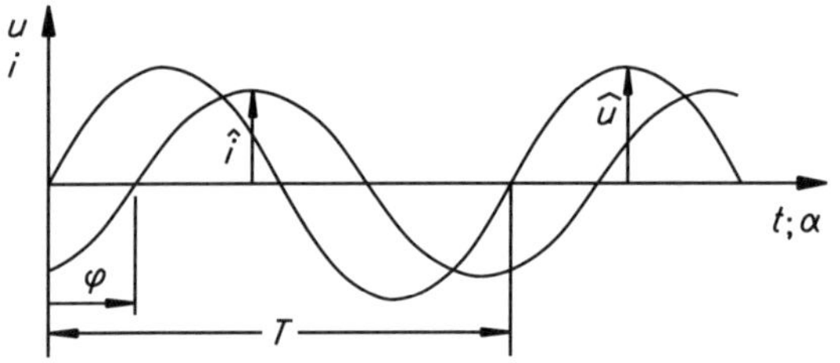

Zeigerdiagramm

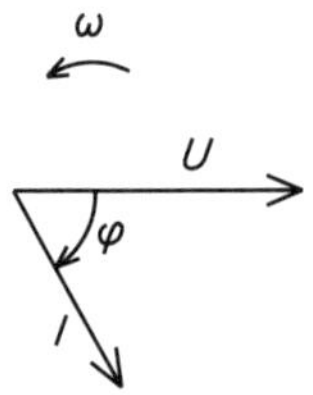

Augenblickswert, Momentanwert bei sinusförmiger Spannung:	$u = \hat{u} \cdot \sin \alpha$ $= \hat{u} \cdot \sin (\omega \cdot t)$	V
bzw. Strom:	$i = \hat{\imath} \cdot \sin (\alpha + \varphi)$ $= \hat{\imath} \cdot \sin (\omega \cdot t + \varphi)$	A
Induktiver Widerstand, Blindwiderstand:	$X_L = 2 \cdot \pi \cdot f \cdot L = \omega \cdot L$	$1\ \Omega = 1\ \text{Hz} \cdot \text{H}$
Kapazitiver Widerstand, Blindwiderstand:	$X_C = \frac{1}{2 \cdot \pi \cdot f \cdot C}$ $X_C = \frac{1}{\omega \cdot C}$	$1\ \Omega = 1 \frac{\text{V}}{\text{A}}$
Scheinwiderstand, Impedanz (nur Betrag):	$Z = \frac{U}{I}$	$1\ \Omega = 1 \frac{\text{V}}{\text{A}}$

Scheinleistung: $S = U \cdot I = \frac{U^2}{Z} = I^2 \cdot Z$ $1\ \mathrm{W} = 1\ \mathrm{V} \cdot \mathrm{A}$ oder VA

Wirkleistung am Scheinwiderstand: $P = S \cdot \cos \varphi$ $1\ \mathrm{W} = 1\ \mathrm{V} \cdot \mathrm{A}$

$P = U \cdot I \cdot \cos \varphi$

Blindleistung am Scheinwiderstand: $Q = U \cdot I \cdot \sin \varphi$ $1\ \mathrm{W} = 1\ \mathrm{V} \cdot \mathrm{A}$ oder var

Blindleistung am Blindwiderstand: $Q = \frac{U^2}{X} = I^2 \cdot X$ $1\ \mathrm{W} = 1 \frac{\mathrm{V}^2}{\Omega} = 1\ \mathrm{A}^2 \cdot \Omega$ oder var

Elektrizitätszähler (Wirkverbrauchszähler)

Arbeit: $W = \frac{n}{c_Z}$ kWh

n Anzahl der Umdrehungen des Zählerläufers

c_Z Zählerkonstante in $\frac{1}{\mathrm{kWh}}$

Leistung: $P = \frac{n}{c_Z \cdot t}$ kW

t Meßzeit in h

11.2 Zusammenschaltungen von Induktivitäten oder Kapazitäten

Reihenschaltung von Induktivitäten ohne gegenseitige Kopplung
Gesamtinduktivität:

$$L = L_1 + L_2 + L_3 \qquad \text{H}$$

induktiver Gesamtwiderstand:

$$X_L = X_{L1} + X_{L2} + X_{L3} \qquad \Omega$$

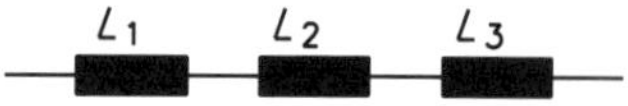

Parallelschaltung von Induktivitäten ohne gegenseitige Kopplung
Gesamtinduktivität:

$$L = \frac{1}{\frac{1}{L_1} + \frac{1}{L_2} + \frac{1}{L_3}} \qquad \text{H}$$

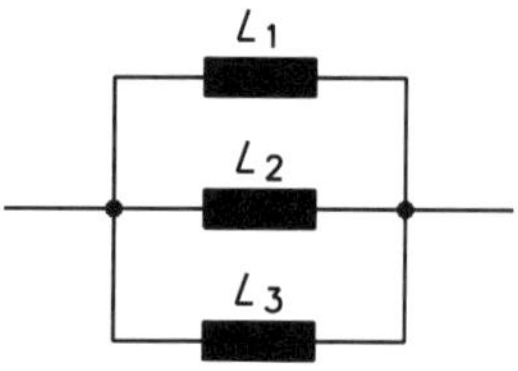

induktiver Gesamtwiderstand:

$$X_L = \frac{1}{\frac{1}{X_{L1}} + \frac{1}{X_{L2}} + \frac{1}{X_{L3}}} \qquad \Omega$$

Reihenschaltung von Kapazitäten
Gesamtkapazität:

$$C = \frac{1}{\frac{1}{C_1} + \frac{1}{C_2} + \frac{1}{C_3}} \qquad \text{F}$$

kapazitiver Gesamtwiderstand:

$$X_C = X_{C1} + X_{C2} + X_{C3} \qquad \Omega$$

Parallelschaltung von Kapazitäten
Gesamtkapazität:

$$C = C_1 + C_2 + C_3 \qquad \text{F}$$

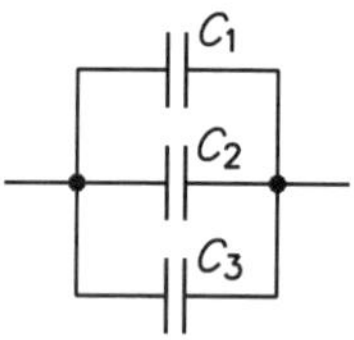

kapazitiver Gesamtwiderstand:

$$X_C = \frac{1}{\frac{1}{X_{C1}} + \frac{1}{X_{C2}} + \frac{1}{X_{C3}}} \qquad \Omega$$

11.3 Wechselstromschaltungen

11.3.1 Reihenschaltungen von R, X_L und X_C

Schaltung	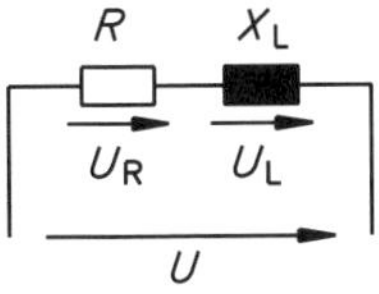	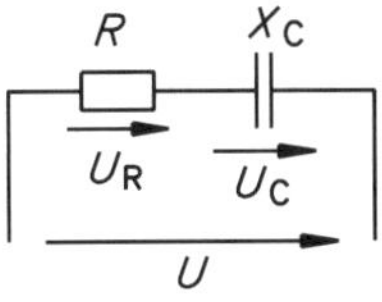	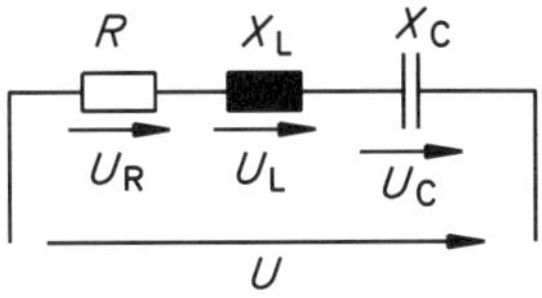
Zeigerbild	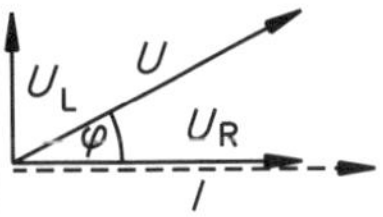	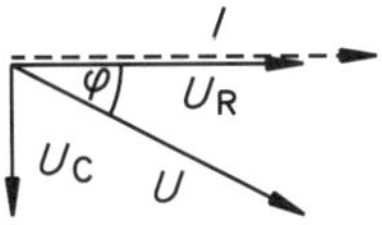	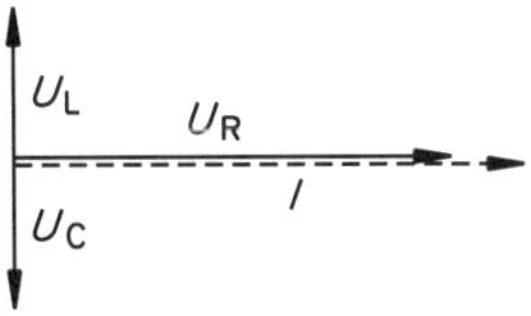
Spannungs-dreieck $U^2 = U_R^2 + U_X^2$ $\sin\varphi = \frac{U_X}{U}$ $\cos\varphi = \frac{U_R}{U}$ $\tan\varphi = \frac{U_X}{U_R}$	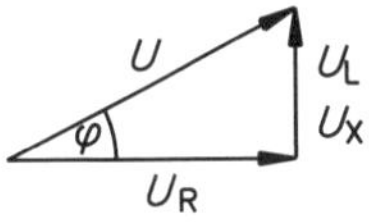	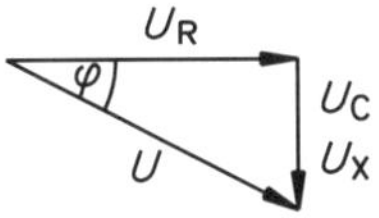	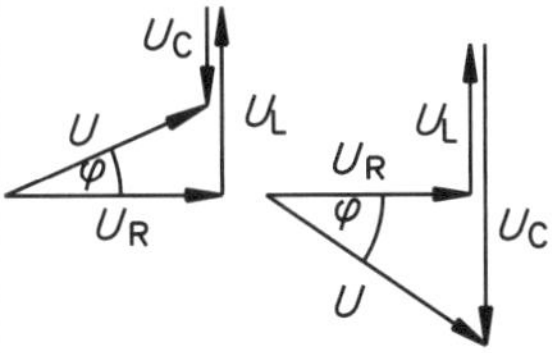 $U_L > U_C$ $U_L < U_C$ $U_X = U_L - U_C$ $U_X = U_C - U_L$
Leistungs-dreieck $S^2 = P^2 + Q^2$ $\sin\varphi = \frac{Q}{S}$ $\cos\varphi = \frac{P}{S}$ $\tan\varphi = \frac{Q}{P}$	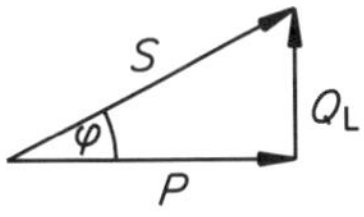	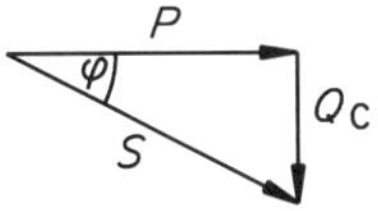	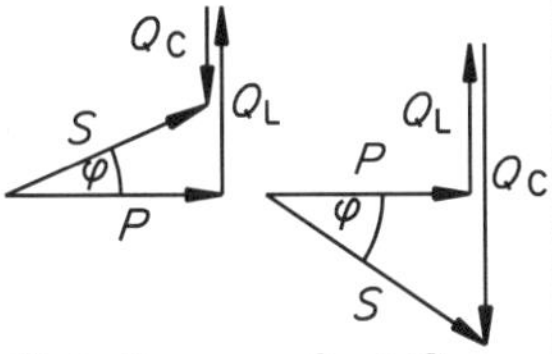 $Q_L > Q_C$ $Q_L < Q_C$ $Q = Q_L - Q_C$ $Q = Q_C - Q_L$
Widerstands-dreieck $Z^2 = R^2 + X^2$ $\sin\varphi = \frac{X}{Z}$ $\cos\varphi = \frac{R}{Z}$ $\tan\varphi = \frac{X}{R}$	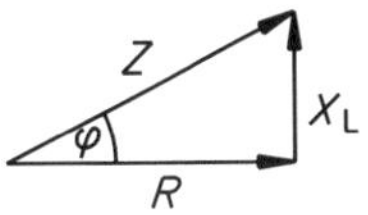	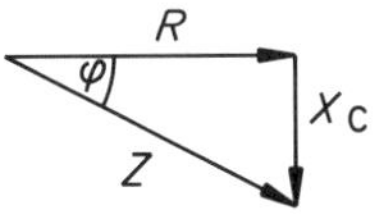	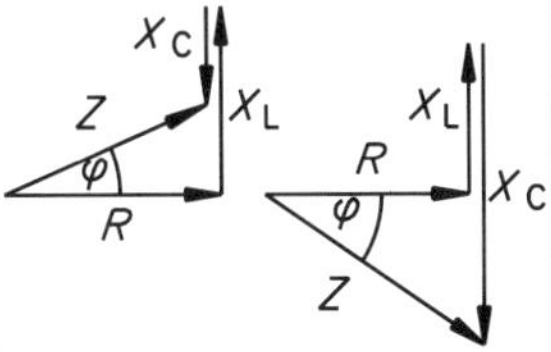 $X_L > X_C$ $X_L < X_C$ $X = X_L - X_C$ $X = X_C - X_L$

11.3.2 Parallelschaltungen von R, X_L und X_C

Schaltung	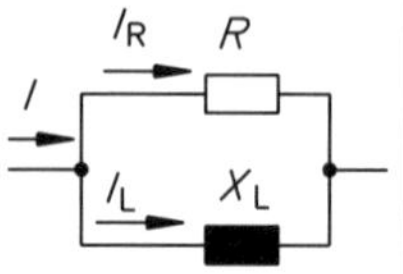	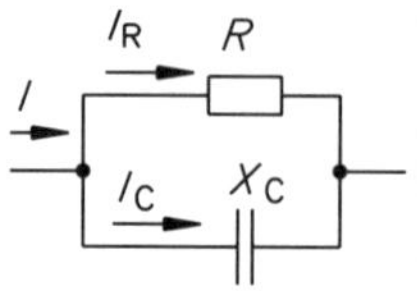	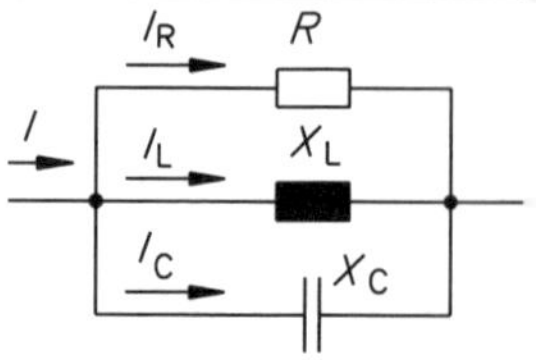
Zeigerbild	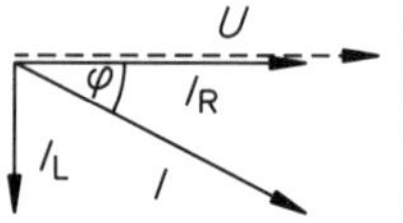	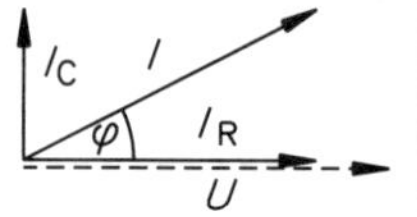	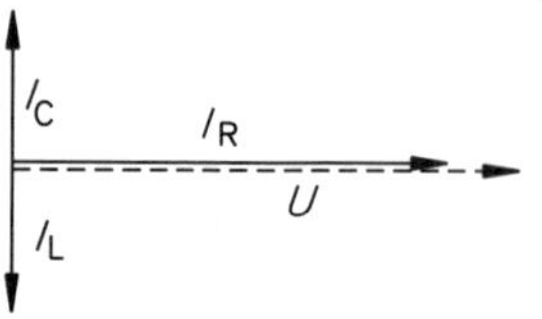
Stromdreieck $I^2 = I_R^2 + I_X^2$ $\sin\varphi = \frac{I_X}{I}$ $\cos\varphi = \frac{I_R}{I}$ $\tan\varphi = \frac{I_X}{I_R}$	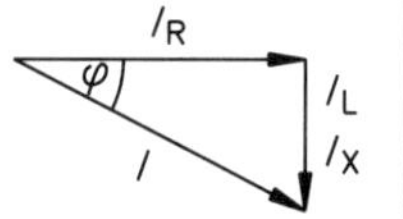	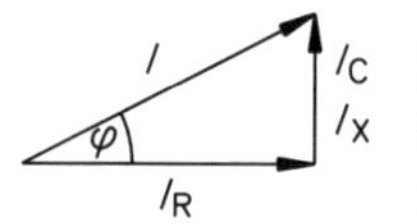	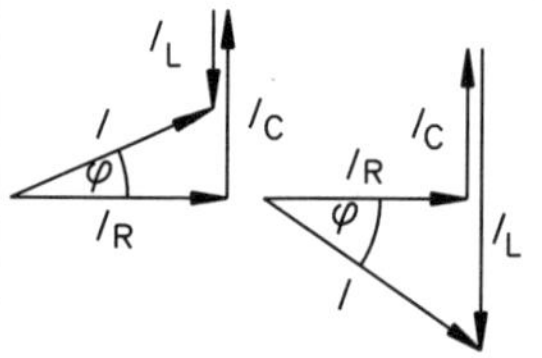 $I_L < I_C$ $\quad$ $I_L > I_C$ $I_X = I_C - I_L$ $\quad$ $I_X = I_L - I_C$
Leistungsdreieck $S^2 = P^2 + Q^2$ $\sin\varphi = \frac{Q}{S}$ $\cos\varphi = \frac{P}{S}$ $\tan\varphi = \frac{Q}{P}$	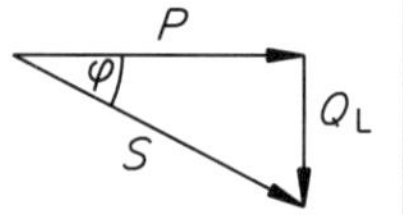	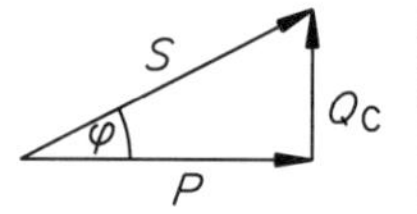	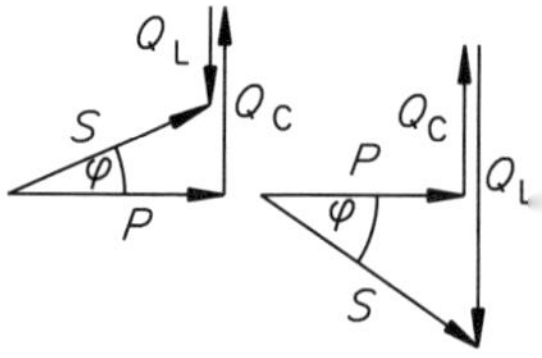 $Q_L < Q_C$ $\quad$ $Q_L > Q_C$ $Q = Q_C - Q_L$ $\quad$ $Q = Q_L - Q_C$
Leitwertdreieck $Y^2 = G^2 + B^2$ $\sin\varphi = \frac{B}{Y} = \frac{Z}{X}$ $\cos\varphi = \frac{G}{Y} = \frac{Z}{R}$ $\tan\varphi = \frac{B}{G} = \frac{R}{X}$	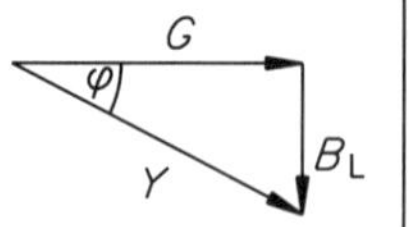	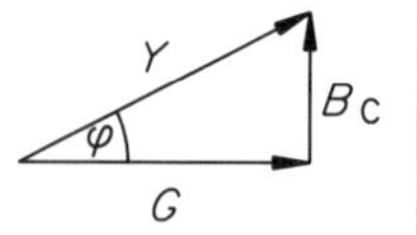	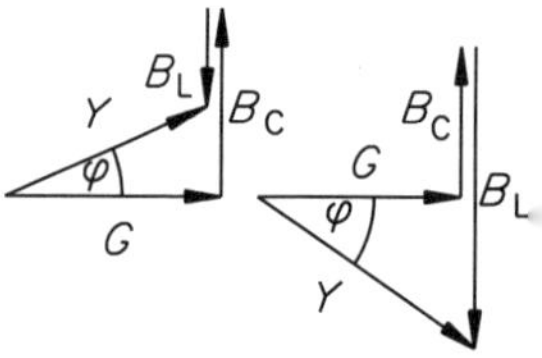 $B_L < B_C$ $\quad$ $B_L > B_C$ $X_L > X_C$ $\quad$ $X_L < X_C$ $B = B_C - B_L$ $\quad$ $B = B_L - B_C$
Wirkleitwert $G = \frac{1}{R}$		Blindleitwert $B = \frac{1}{X}$	Scheinleitwert $Y = \frac{1}{Z}$

11.3.3 Blindleistungskompensation (Parallelkompensation)

Zu kompensierende Blindleistung
(bei Drehstrom gesamt):

$$Q_C = P_{zu} \cdot (\tan\varphi_1 - \tan\varphi_2)$$ W oder var

Phasenwinkel:
φ_1 ohne Kompensation
φ_2 mit Kompensation

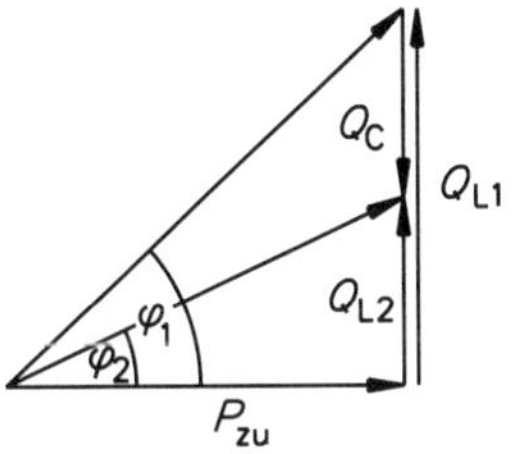

$$Q_C = Q_{L1} - Q_{L2}$$ W oder var

Blindleistung:
Q_{L1} ohne Kompensation
Q_{L2} mit Kompensation

Kapazität des Kompensationskondensators bei einphasigem Wechselstrom:

$$C = \frac{Q_C}{2 \cdot \pi \cdot f \cdot U_C^2}$$ F

$$C = \frac{Q_C}{\omega \cdot U_C^2}$$

Kapazität jedes Kondensators
bei Drehstrom:

$$C = \frac{Q_C}{3 \cdot 2 \cdot \pi \cdot f \cdot U_C^2}$$ F

$$C = \frac{Q_C}{3 \cdot \omega \cdot U_C^2}$$

Die Blindleistungskompensation eines Transformators ermöglicht eine Zusatzbelastung bei gleicher Scheinleistung S.
Blindleistung der Zusatzlast:

$$Q_{L2} = P_2 \cdot \tan \varphi_2$$

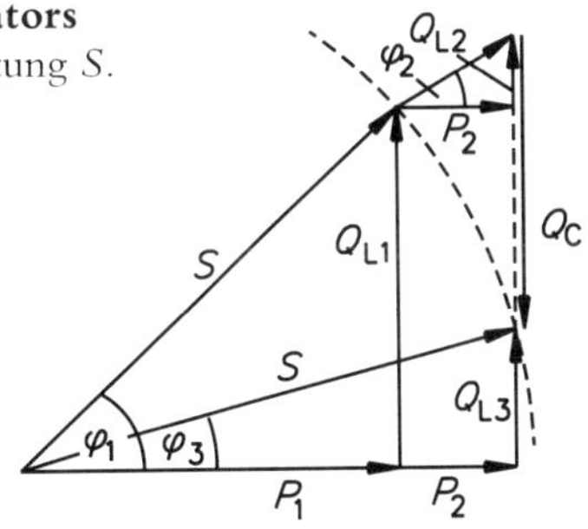

Blindleistung nach
Kompensation mit Zusatzlast:

$$Q_{L3} = (P_1 + P_2) \cdot \tan \varphi_3$$

zu kompensierende
Blindleistung:

$$Q_C = Q_{L1} + Q_{L2} - Q_{L3}$$ W oder var

P_1, Q_{L1} bereits vorhandene Grundlast

11.3.4 Verbraucher am Dreiphasenwechselspannungsnetz (Drehstrom)

Sternschaltung:

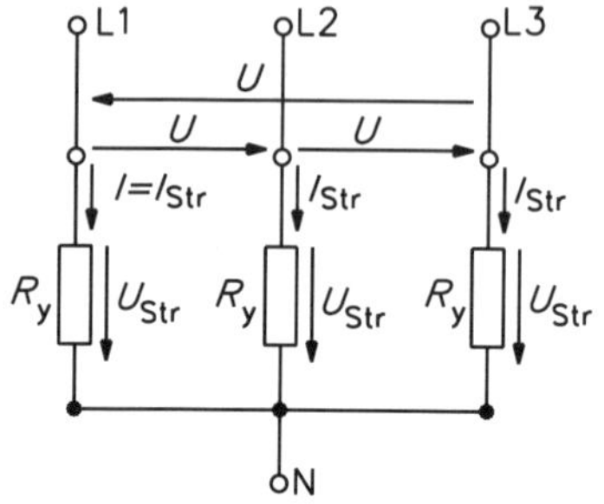

Dreieckschaltung:

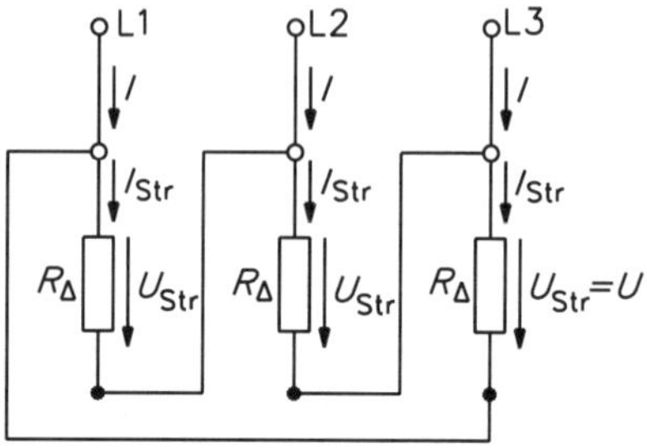

U und I Außenleiterwerte
R_Y, R_Δ, U_{str} und I_{str} Strangwerte

$U = \sqrt{3} \cdot U_{str}$ $I = I_{str}$	$U = U_{str}$ $I = \sqrt{3} \cdot I_{str}$

Symmetrische Last:

$$P = \sqrt{3} \cdot U \cdot I \cdot \cos\varphi$$
$$Q = \sqrt{3} \cdot U \cdot I \cdot \sin\varphi$$
$$S = \sqrt{3} \cdot U \cdot I$$

Unsymmetrische Last:
Wirkleistung je Strang: $P_{str} = U_{str} \cdot I_{str} \cdot \cos\varphi_{str}$

Gesamtwirkleistung: $P = P_{str_1} + P_{str_2} + P_{str_3}$

bei $R_Y = R_\Delta$ ist $P_Y = \frac{P_\Delta}{3}$ $I_Y = \frac{I_\Delta}{3}$	bei $P_Y = P_\Delta$ ist $I_Y = I_\Delta$ $R_Y = \frac{R_\Delta}{3}$

R_Y und R_Δ Strangwiderstände
I_Y und I_Δ Außenleiterströme

11.4 Vierpole an sinusförmiger Wechselspannung

11.4.1 Kapazitiver Spannungsteiler

Ausgangsspannung:

$$U_Q = U_I \cdot \frac{C_1}{C_1 + C_2}$$

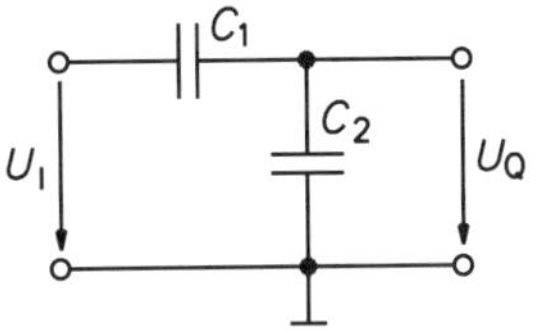

11.4.2 Frequenzkompensierter ohmsch–kapazitiver Spannungsteiler

Bedingung für frequenzunabhängiges Teilungsverhältnis:

$$R_1 \cdot C_1 = R_2 \cdot C_2 \quad \text{oder} \quad \frac{R_1}{R_2} = \frac{C_2}{C_1}$$

Ausgangsspannung:

$$U_Q = U_I \cdot \frac{R_2}{R_1 + R_2} = U_I \cdot \frac{C_1}{C_1 + C_2}$$

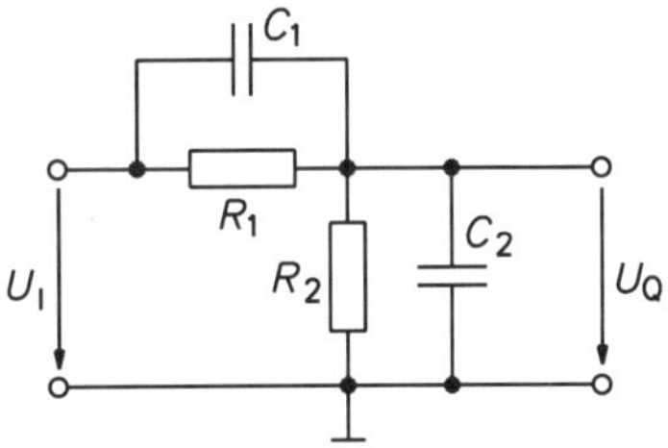

11.4.3 Hochpässe und Tiefpässe

Ausgangsspannung bei Grenzfrequenz f_g:

$$U_Q = \frac{U_I}{\sqrt{2}}$$

RC- und *CR*-Glieder (1. Ordnung)
Bedingung für Grenzfrequenz:

$$R = X_C = \frac{1}{2 \cdot \pi \cdot f_g \cdot C} = \frac{1}{\omega_g \cdot C}$$

Grenzfrequenz:

$$f_g = \frac{1}{2 \cdot \pi \cdot R \cdot C} = \frac{1}{2 \cdot \pi \cdot \tau}$$

RC-Glied als Tiefpaß:

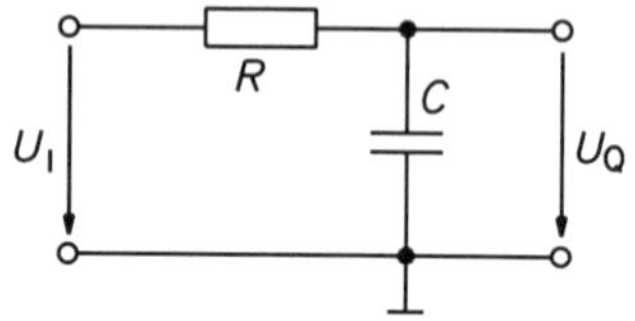

CR-Glied als Hochpaß:

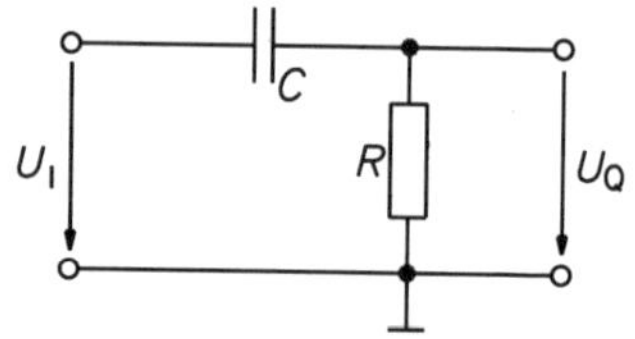

RL-Glied und *LR*-Glied (1. Ordnung)
Bedingung für Grenzfrequenz:

$$R = X_L = 2 \cdot \pi \cdot f_g \cdot L = \omega \cdot L$$

Grenzfrequenz:

$$f_g = \frac{R}{2 \cdot \pi \cdot L} = \frac{1}{2 \cdot \pi \cdot \tau}$$

RL-Glied als Hochpaß:

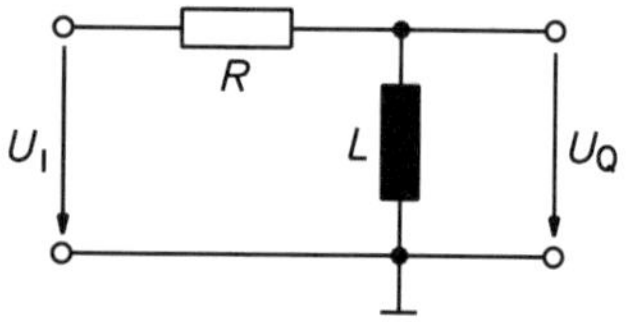

LR-Glied als Tiefpaß:

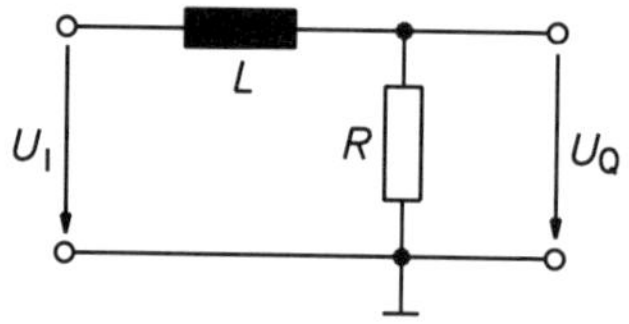

11.4.4 *RC*-Glied als Phasenschieber

Phasenwinkel der Ausgangsspannung bezogen auf die Eingangsspannung:

$$\alpha = \arctan \frac{R}{X_C} = \arctan (2 \cdot \pi \cdot f \cdot R \cdot C)$$

Ausgangsspannung: $U_Q = U_I \cdot \cos \alpha$

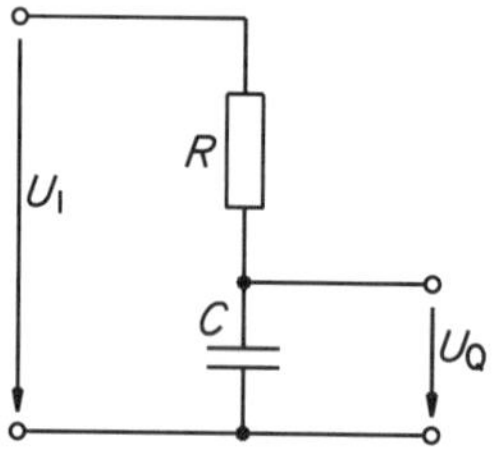

11.4.5 Siebglieder

Überlagerte Wechselspannung
am Eingang (Eingangs-Brummspannung) U_{W1}
am Ausgang (Ausgangs-Brummspannung) U_{W2}

Glättungsfaktor (Siebfaktor):

$$G = \frac{U_{W1}}{U_{W2}}$$

_RC_-Siebglied
Näherungsformel für Glättungsfaktor unter der Bedingung: $R_S \ll R_L$ und $R_S \gg X_C$

$$G \approx \frac{R_S}{X_{CS}} = 2 \cdot \pi \cdot f_w \cdot R_S \cdot C_S$$

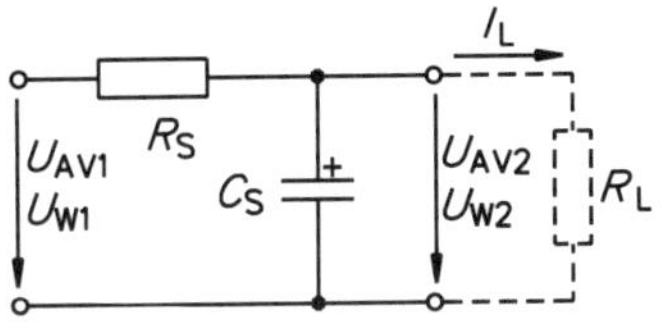

_LC_-Siebglied
Näherungsformel für Glättungsfaktor unter der Bedingung: $X_L \gg R_L$ und $X_L \gg X_C$

$$G \approx \frac{X_{LS}}{X_{CS}} = (2 \cdot \pi \cdot f_W)^2 \cdot L_S \cdot C_S$$

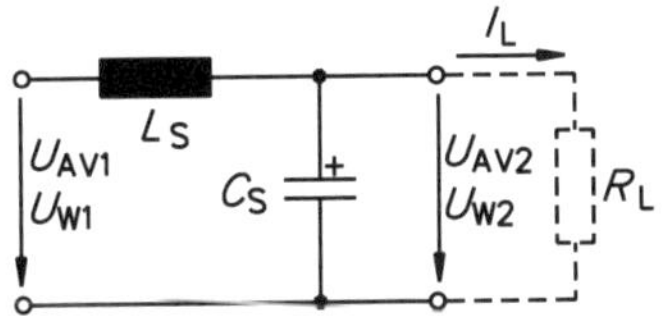

11.4.6 Schwingkreise im Resonanzfall

Resonanzbedingung:

$$X_L = X_C = X_0 = \sqrt{\frac{L}{C}}$$

Resonanzfrequenz:

$$f_0 = \frac{1}{2 \cdot \pi \cdot \sqrt{L \cdot C}}$$

Bandbreite:

$$b = \frac{f_0}{Q}$$

Reihenschwingkreis

Kreisgüte:

$$Q = \frac{X_0}{R_S} = \frac{1}{R_S} \cdot \sqrt{\frac{L}{C}}$$

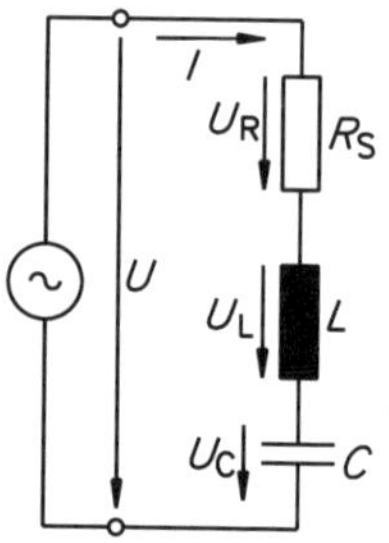

Überhöhung der Spannungen an L und C:

$$U_C = U_L = Q \cdot U$$

Resonanzwiderstand:

$$Z_0 = R_S = \frac{X_0}{Q}$$

Parallelschwingkreis

Kreisgüte:

$$Q = \frac{R_P}{X_0} = R_P \cdot \sqrt{\frac{C}{L}}$$

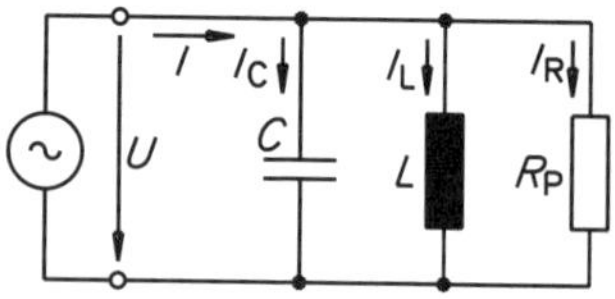

Überhöhung des Stroms in L und C:

$$I_L = I_C = Q \cdot I$$

Resonanzwiderstand:

$$Z_0 = R_P = Q \cdot X_0$$

12 Elektrische Maschinen

Berechnete Größe	Formel	Einheit, Erklärung

12.1 Transformator

Spannungsgleichung (bei Sinusform): $U_0 = 4{,}44 \cdot N \cdot f \cdot \hat{\Phi}$ — $1\ \text{V} = 1\ \text{Hz} \cdot \text{Wb} = 1 \frac{\text{V} \cdot \text{s}}{\text{s}}$

$\hat{\Phi}$ Scheitelwert des magnetischen Flusses

Übersetzungsverhältnis (Streuung vernachlässigt):

$$\ddot{u} = \frac{N_1}{N_2} = \frac{U_{01}}{U_{02}} = \frac{I_2}{I_1} = \sqrt{\frac{Z_1}{Z_2}}$$

Index 1: Oberspannungsseite
Index 2: Unterspannungsseite

Kurzschlußspannung (relativ):

$$u_K = \frac{U_K \cdot 100\,\%}{U_N}$$

U_N Nennspannung
U_K absolute Kurzschlußspannung

Dauerkurzschlußstrom: $I_{KD} = \frac{I_N \cdot 100\,\%}{u_K}$ — I_N Nennstrom

Parallelschaltung von Transformatoren mit unterschiedlichen Nennscheinleistungen ($S_{N1}, S_{N2}, \ldots$) und Kurzschlußspannungen ($u_{K1}, u_{K2}, \ldots$)
Mittlere Kurzschlußspannung:

$$u_{Km} = \frac{\Sigma S_N}{\frac{S_{N1}}{u_{K1}} + \frac{S_{N2}}{u_{K2}} + \ldots}$$

Verteilung der Gesamtlast: $S_1 = S_{N1} \cdot \frac{u_{Km}}{u_{K1}}$

Nennwirkungsgrad: $\eta_N = \frac{P_{abN}}{P_{abN} + P_{Fe} + P_{CuN}}$

Teillastfaktor: $n = \frac{S_{Teillast}}{S_{Nennlast}}$

Wirkungsgrad bei Teillast:	$\eta_T = \frac{P_{ab}}{P_{ab} + P_{Fe} + n^2 \cdot P_{CuN}}$	
Jahreswirkungsgrad:	$\eta_j = \frac{S_2 \cdot \cos \varphi_2 \cdot t_B}{S_2 \cdot \cos \varphi_2 \cdot t_B + P_{Fe} \cdot t_E + P_{Cu} \cdot t_B}$	t_B Jahresbelastungsdauer
	$\eta_a = \frac{W_j}{W_j + W_{jFe} + n^2 \cdot W_{jCu}}$	W_j Jahresarbeit
Jahreseinschaltzeit:	$t_E = 365\ \text{d} \cdot 24\ \text{h} = 8760\ \text{h}$	

12.2 Drehfeldmotor

Drehfelddrehzahl (Drehfrequenz):	$n_0 = \frac{f}{p}$	$\frac{1}{\text{s}}$ p Polpaarzahl n Läuferdrehzahl in $\frac{1}{\text{s}}$
Schlupfdrehzahl:	$n_S = n_0 - n$	
Schlupf (relativ):	$s = \frac{n_0 - n}{n_0} \cdot 100\,\%$	
Läuferfrequenz:	$f_2 = s \cdot f_1$	Hz f_1 Netzfrequenz
Läuferspannung:	$U_{02} = s \cdot U_{02\ \text{Stillstand}}$	
abgegebene Leistung:	$P_{ab} = M \cdot \omega$	$1\ \text{W} = 1\ \frac{\text{N} \cdot \text{m}}{\text{s}}$ M in N · m ω in Hz $= \frac{1}{\text{s}}$
	$P_{ab} = 2 \cdot \pi \cdot M \cdot n$	n in Hz $= \frac{1}{\text{s}}$
	$P_{ab} = \frac{2 \cdot \pi}{60} \cdot M \cdot n = \frac{M \cdot n}{9{,}55}$	n in $\frac{1}{\text{min}}$
zugeführte Leistung:	$P_{zu} = \sqrt{3} \cdot U \cdot I \cdot \cos \varphi$	W
Wirkungsgrad:	$\eta = \frac{P_{ab}}{P_{zu}}$	

13 Schaltvorgänge im Gleichstromkreis mit Kondensator

13.1 Ladung/Entladung einer Kapazität *C* mit konstantem Strom I_0

Spannungsänderung Δu_C
im Zeitintervall Δt:

$$\Delta u_C = \frac{I_0 \cdot \Delta t}{C} \qquad 1\ \text{V} = 1\frac{\text{A} \cdot \text{s}}{\text{F}}$$

13.2 Ladung einer Kapazität *C* an konstanter Spannung U_0

über einen linearen Widerstand *R* (Beginn bei $u_C = 0$)

Zeitkonstante: $\tau = R \cdot C$ $\qquad 1\ \text{s} = 1\ \Omega \cdot \text{F}$

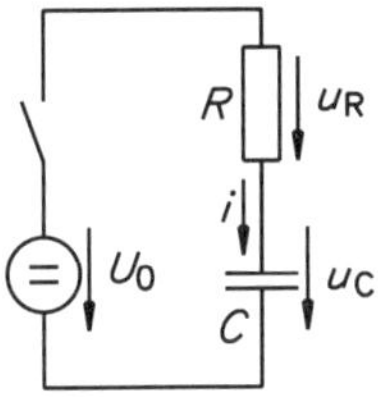

Strom im Einschaltmoment: $i_0 = \frac{U_0}{R}$ $\qquad$ A

Verlauf der Spannung an *C*: $u_C = U_0 \cdot (1 - e^{-t/\tau})$ $\qquad$ V
e ≈ 2,718 Eulersche Zahl

Zeit für Spannungsänderung
von $u_C = 0$ bis u_C: $t = -\tau \cdot \ln\left(1 - \frac{u_C}{U_0}\right)$ $\qquad$ s

Verlauf des Stroms: $i = i_0 \cdot e^{-t/\tau}$ $\qquad$ A

Verlauf der Spannung an *R*: $u_R = U_0 \cdot e^{-t/\tau}$ $\qquad$ V

Zeit für Spannungsänderung
von $u_R = U_0$ bis u_R: $t = -\tau \cdot \ln\frac{u_R}{U_0}$ $\qquad$ s

13.3 Entladung einer Kapazität C

über einen linearen Widerstand R beginnend mit der Kondensatorspannung U_{C0}

Zeitkonstante:

$$\tau = R \cdot C \qquad 1\,\text{s} = 1\,\Omega \cdot \text{F}$$

Verlauf der Spannungen:

$$u_R = u_C = U_{C0} \cdot e^{-t/\tau} \qquad \text{V}$$

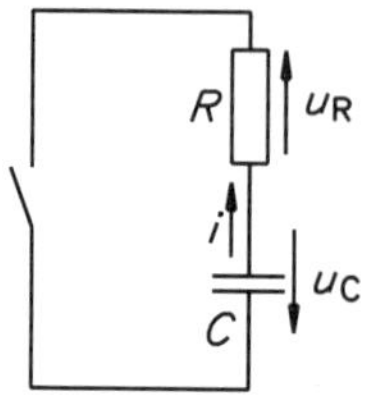

Zeit für Spannungsänderung von U_0 bis $u_C = u_R$:

$$t = -\tau \cdot \ln \frac{u_C}{U_0} \qquad \text{s}$$

Strom bei Beginn der Entladung:

$$i_0 = \frac{U_0}{R} \qquad 1\,\text{A} = 1\,\frac{\text{V}}{\Omega}$$

Verlauf des Entladestroms:

$$i = i_0 \cdot e^{-t/\tau} \qquad \text{A}$$

13.4 Schaltvorgang im Gleichstromkreis mit einer Induktivität

Induktivität L in Reihe mit linearem Widerstand R an konstanter Spannung U_0

Zeitkonstante:

$$\tau = \frac{L}{R} \qquad 1\,\text{s} = 1\,\frac{\text{H}}{\Omega}$$

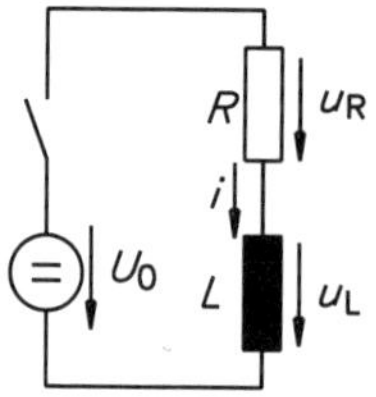

Verlauf der Spannung an L:

$$u_L = U_0 \cdot e^{-t/\tau} \qquad \text{V}$$

Endwert des Stroms:

$$I_0 = \frac{U_0}{\text{R}} \qquad 1\,\text{A} = 1\,\frac{\text{V}}{\Omega}$$

Verlauf des Stroms:

$$i = I_0 \cdot (1 - e^{-t/\tau}) \qquad \text{A}$$

Zeit für Stromänderung von $i = 0$ bis i:

$$t = \tau \cdot \ln \left(1 - \frac{i}{I_0}\right) \qquad \text{s}$$

13.5 Normierte Exponentialfunktionen

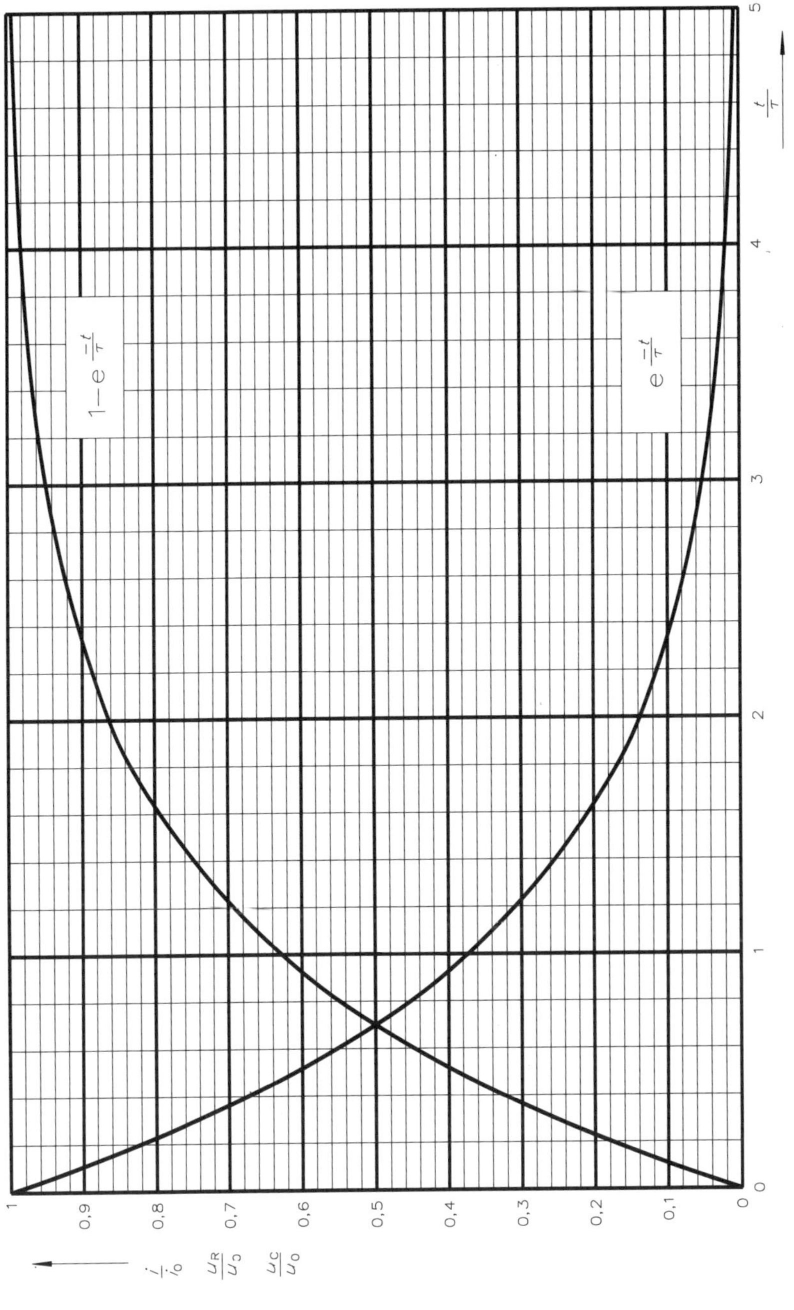

14 Effektivwerte und arithmetische Mittelwerte

14.1 Von Wechsel- und Mischspannungen

Kurvenform	Effektivwert U_{RMS}	arithmetischer Mittelwert U_{AV}
sinusförmige Wechselspannung 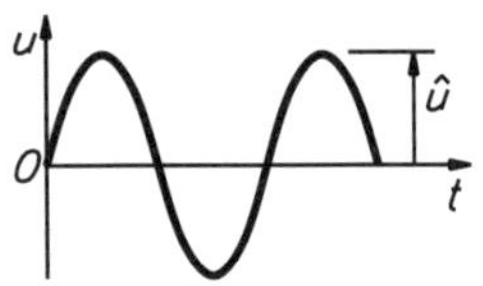	$\frac{\hat{u}}{\sqrt{2}} = \frac{U_{ss}}{2 \cdot \sqrt{2}}$	0
– nach Einweggleichrichtung 	$\frac{\hat{u}}{2} = \frac{U_{ss}}{2}$	$\frac{1}{\pi} \cdot \hat{u} = \frac{U_{ss}}{\pi}$
– nach Zweiweggleichrichtung 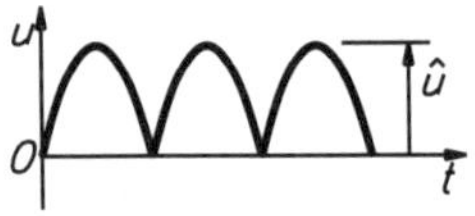	$\frac{\hat{u}}{\sqrt{2}} = \frac{U_{ss}}{\sqrt{2}}$	$\frac{2}{\pi} \cdot \hat{u}$
Rechteck-Wechselspannung symmetrisch 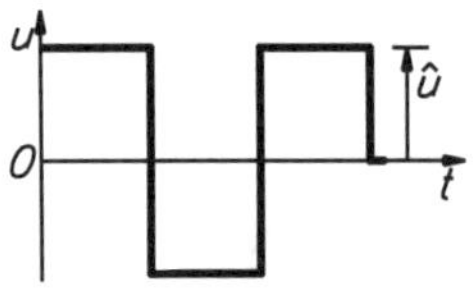	$\hat{u} = \frac{U_{ss}}{2}$	0
Rechteck-Impulsspannung 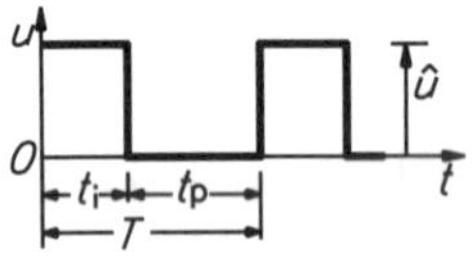	$\hat{u} \cdot \sqrt{V_T} = U_{ss} \cdot \sqrt{V_T}$ $V_T = \frac{t_i}{t_i + t_p} = \frac{t_i}{T}$ Tastverhältnis	$\hat{u} \cdot V_T = U_{ss} \cdot V_T$

<table>
<tr><th>Kurvenform</th><th>Effektivwert
U_{RMS}</th><th>arithmetischer
Mittelwert
U_{AV}</th></tr>
<tr><td>Rechteck-Mischspannung
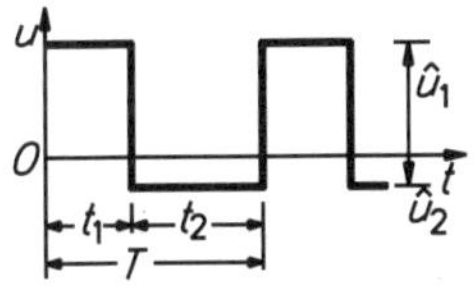
</td><td>$\sqrt{\hat{u}_1^2 \cdot \frac{t_1}{T} + \hat{u}_2^2 \cdot \frac{t_2}{T}}$

$\hat{u}_1$ positivster Wert
$\hat{u}_2$ negativster Wert</td><td>$\hat{u}_1 \cdot \frac{t_1}{T} + \hat{u}_2 \cdot \frac{t_2}{T}$</td></tr>
<tr><td>Dreieck-Wechselspannung
(auch Sägezahnspannung)

</td><td>$\frac{\hat{u}}{\sqrt{3}} = \frac{U_{ss}}{2 \cdot \sqrt{3}}$</td><td>0</td></tr>
<tr><td>Dreieck-Impulsspannung

</td><td>$\frac{\hat{u}}{\sqrt{3}} = \frac{U_{ss}}{\sqrt{3}}$</td><td>$\frac{\hat{u}}{2} = \frac{U_{ss}}{2}$</td></tr>
</table>

Effektivwert einer Mischspannung mit dem Gleichspannungsanteil $U_{\mathbf{AV}}$ und dem Wechselspannungsanteil U_{RMS1}:

$$U_{RMS} = \sqrt{U_{\mathrm{AV}}^2 + U_{\mathrm{RMS1}}^2}$$

14.2 Effektivwert nach Phasenanschnitt

Ermittlung des Effektivwerts bzw. der Leistung an einem ohmschen Widerstand bei Vollwellensteuerung durch Phasenanschnitt einer sinusförmigen Wechselspannung.

$$\frac{U}{U_0} \quad \text{und} \quad \frac{P}{P_0} = f(\alpha)$$

U_0 Effektivwert der vollen Wechselspannung
U Effektivwert der angeschnittenen Spannung
P_0 Leistung ohne Phasenanschnitt
P Leistung mit Phasenanschnitt

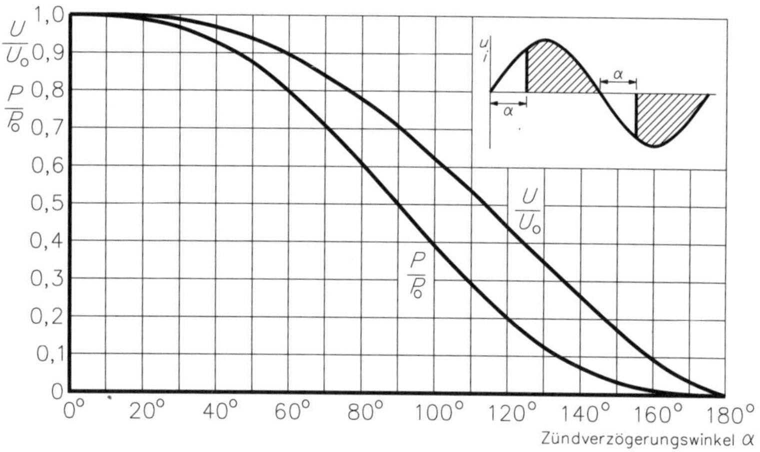

Bei Halbwellensteuerung reduzieren sich der Effektivwert der Spannung um den Faktor $1/\sqrt{2}$ und die Leistung um den Faktor 1/2 bezogen auf die Vollwellensteuerung.

15 Installationstechnik

15.1 Schutzarten

Schutzart nach DIN		Symbol nach VDE
	Berührungsschutz	
IP 0X	Berührungsschutz nicht vorhanden	
IP 1X	Berührungsschutz gegen Fremdkörper größer als 50 mm ∅	
IP 2X	Berührungsschutz gegen Fremdkörper größer als 12 mm ∅	
IP 3X	Berührungsschutz gegen Fremdkörper größer als 2,5 mm ∅	
IP 4X	Berührungsschutz gegen Fremdkörper größer als 1 mm ∅	
IP 5X	Schutz gegen Staubablagerungen im Innern	
IP 6X	staubdicht	
	Wasserschutz	
IP X0	kein Wasserschutz	
IP X1	tropfwassergeschützt, senkrechter Tropfenfall	
IP X2	tropfwassergeschützt, schräg fallendes Tropfwasser	
IP X3	sprühwassergeschützt bis zu 30° über der Waagerechten	
IP X4	spritzwassergeschützt von allen Seiten	
IP X5	strahlwassergeschützt	
IP X6	Überflutungsschutz	
IP X7	Schutz beim Eintauchen	
IP X8	Schutz beim Untertauchen	 ... bar

Beispiel: IP 54 auf dem Leistungsschild würde bedeuten, daß dieses Betriebsmittel gegen Staubablagerung im Innern (1. Ziffer) und Spritzwasser (2. Ziffer) geschützt ist.

15.2 Schutzmaßnahmen

Schleifenwiderstand

Schleifenimpedanz: $Z_S \leqq \frac{U_0}{I_A}$

U_0 Nennspannungen gegen geerdeten Leiter

Abschaltstrom: $I_A \leqq I_K$

I_A Abschaltstrom, der das Abschalten der Schutzeinrichtung innerhalb von 0,2 s bzw. 5 s bewirkt (aus der I-t-Kennlinie entnommen)

I_K Kurzschlußstrom

Anlagenerder im TT-System

Erdungswiderstand des Erders, mit dem alle Körper verbunden sind:

$$R_A \leqq \frac{U_L}{I_A}$$

U_L dauernd zulässige Berührungsspannung

mit Schutz durch Fehlerstromschalter:

$$R_A \leqq \frac{U_L}{I_{\Delta N}}$$

mit Schutz durch selektiven Fehlerstromschalter:

$$R_A \leqq \frac{U_L}{2 \cdot I_{\Delta N}}$$

$I_{\Delta N}$ Nenndifferenzstrom des FI-Schutzschalters

Anlagenerder im IT-System

Erdungswiderstand des Erders, mit dem alle Körper verbunden sind:

$$R_A \leqq \frac{U_L}{I_d}$$

I_d Fehlerstrom beim ersten Fehler zwischen einem Außenleiter und dem Schutzleiter (Summe der Ableitströme)

Schutzleiterquerschnitte

Mindestquerschnitte für Schutzleiter

Querschnitt der Außenleiter der Anlage	Mindestquerschnitt des entsprechenden Schutzleiters
A in mm²	A_{PE} in mm²
$A \leqq 16$ $16 < A \leqq 35$ $A > 35$	A 16 $\frac{A}{2}$

15.3 Potentialausgleich

Mindestquerschnitte für Potentialausgleichsleiter

	Hauptpotentialausgleich (PE = Hauptschutzleiter)	Zusätzlicher Potentialausgleich (PE = Betriebsmittelschutzleiter)	
Minimum	6 mm²	bei mechanischem Schutz	2,5 mm²
		ohne mechanischen Schutz	4 mm²
normal	0,5 × PE*	zwischen 2 Körpern	kleinerer PE*
		zwischen 1 Körper und 1 leitfähigen, fremden Teil	0,5 × PE*
Maximum (möglich)	25 mm² Cu oder gleicher Leitwert		

PE*: hier Schutzleiterquerschnitt

15.4 Leitungs-, Kabelbemessung

bei Gleich- und Wechselstrom
Mindest-Leiterquerschnitt nach Spannungsfall U_V:

$$A = \frac{2 \cdot l \cdot I \cdot \cos\varphi \cdot \mu}{\kappa \cdot U_V} \qquad \mu = \frac{P_{\text{mittel}}}{P_{\text{Anschluß}}} \text{ Gleichzeitigkeitsfaktor}$$

oder

$$A = \frac{2\,l \cdot P \cdot \mu}{\kappa \cdot U_V \cdot U}$$

bei Drehstrom
Mindest-Leiterquerschnitt nach Spannungsfall U_V:

$$A = \frac{\sqrt{3} \cdot l \cdot I \cdot \cos\varphi \cdot \mu}{\kappa \cdot U_V}$$

oder

$$A = \frac{l \cdot P \cdot \mu}{\kappa \cdot U_V \cdot U}$$

Stichleitung
bei Gleich- und Wechselstrom
Mindest-Leiterquerschnitt
nach Spannungsfall U_V:

$$A = \frac{2 \cdot \Sigma (I \cdot l \cdot \cos \varphi) \cdot \mu}{\kappa \cdot U_V} \qquad \mu = \frac{P_{\text{mittel}}}{P_{\text{Anschluß}}} \text{ Gleichzeitigkeitsfaktor}$$

oder

$$A = \frac{2 \cdot \Sigma (P \cdot l) \cdot \mu}{\kappa \cdot U_V \cdot U}$$

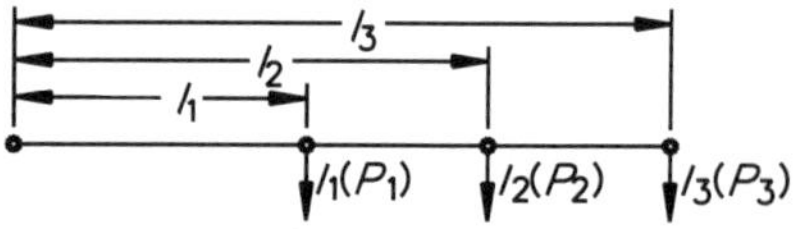

bei Drehstrom
Mindest-Leiterquerschnitt
nach Spannungsfall U_V:

$$A = \frac{\sqrt{3} \cdot \Sigma (I \cdot l \cdot \cos \varphi) \cdot \mu}{\kappa \cdot U_V}$$

oder

$$A = \frac{\Sigma (P \cdot l) \cdot \mu}{\kappa \cdot U_V \cdot U}$$

Ringleitung
nach rechts bzw. nach links in die Leitung eingespeiste Leistung:

$$P_{\text{rechts}} = \frac{\Sigma (P \cdot l)_{\text{links}}}{l}$$

$$P_{\text{links}} = \frac{\Sigma (P \cdot l)_{\text{rechts}}}{l}$$

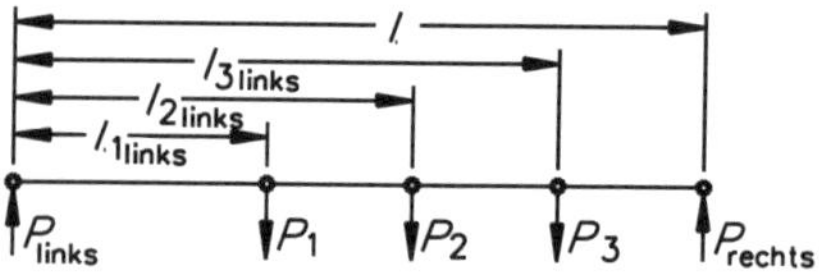

Diagramm zur Bestimmung des Leiterquerschnitts
nach Spannungsfall auf Drehstromleitungen (Cu-Leiter). Bei Gleich- oder Wechselstrom muß die Leitungslänge halbiert werden.

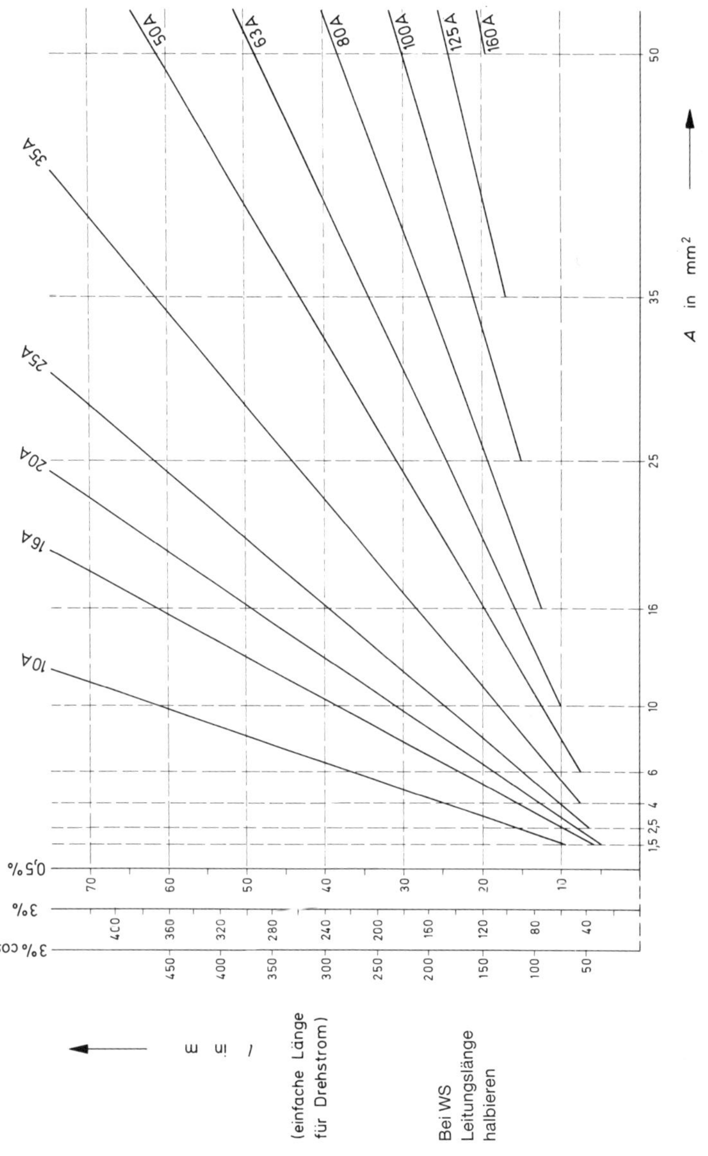

15.5 Verlegearten

Verlegeart A Verlegung in wärmedämmenden Wänden ☐ Aderleitungen im Rohr ☐ mehradrige Leitungen im Rohr ☐ mehradrige Leitung in der Wand	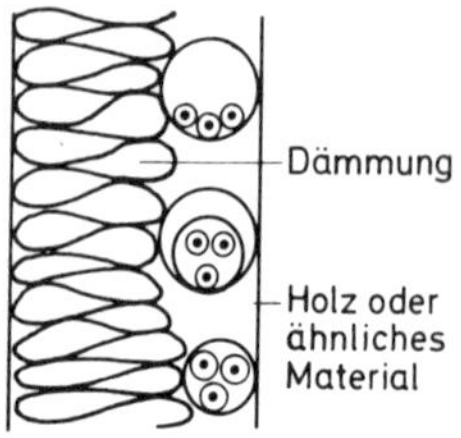
Verlegeart B 1 Verlegung im Rohr oder Kanälen ☐ Aderleitungen im Rohr oder im Kanal an der Wand ☐ Aderleitungen, ein- oder mehradrige Leitungen im Rohr in der Wand oder unter Putz	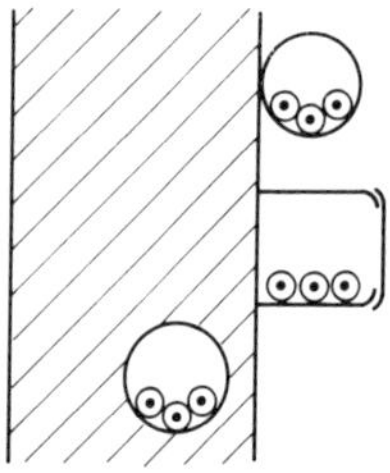
Verlegeart B 2 Verlegung im Rohr oder Kanälen ☐ mehradrige Leitung im Rohr oder im Kanal auf der Wand oder auf dem Fußboden	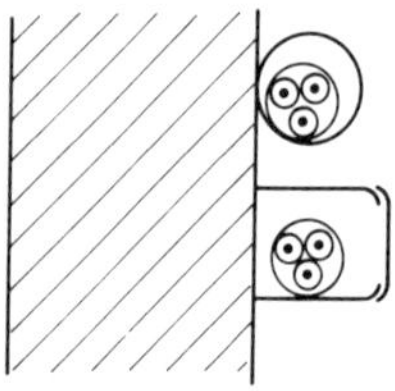
Verlegeart C Direkte Verlegung ☐ ein- oder mehradrige Leitungen auf der Wand oder auf dem Fußboden ☐ mehradrige Leitungen in der Wand oder unter Putz ☐ Stegleitungen im Putz	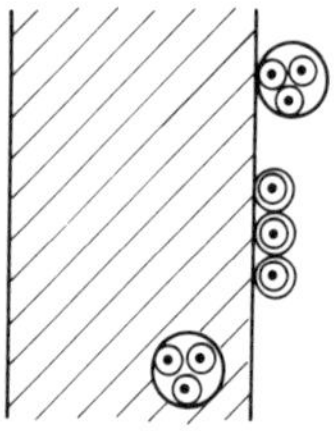
Verlegeart E Verlegung frei in Luft ☐ mehradrige Leitungen mit dem Wandabstand $a \geqq 0{,}3\,d$ (Durchmesser der Leitung) und dem Abstand $a \geqq 2\,d$ zu anderen Leitungen	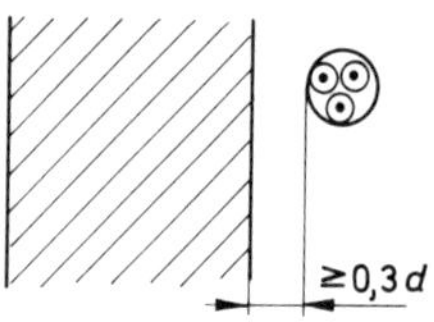

15.6 Strombelastbarkeit

Strombelastbarkeit I_Z festverlegter, isolierter Starkstromleitungen und Kabel mit Kupferleitern bei einer Umgebungstemperatur von 30 °C nach DIN VDE 0298 Teil 2 und Teil 4 sowie Zuordnung der Schutzeinrichtungen mit $I_2 > 1{,}45\ I_N$

Leitungsart	Kabel, Mantelleitungen, Stegleitungen, Aderleitungen, flexible Leitungen für feste Verlegung																			
Verlegeart	A				B1				B2				C				E			
Anzahl der belasteten Adern	2		3		2		3		2		3		2		3		2		3	
Kupferquerschnitt in mm²	a) Strombelastbarkeit I_Z in A b) Sicherungsnennstrom I_N in A																			
	a	b	a	b	a	b	a	b	a	b	a	b	a	b	a	b	a	b	a	b
1,5	15,5	10	13	10	17,5	10	15,5	10	15,5	10	14	10	19,5	16	17,5	10	20	16	18,5	10
2,5	19,5	16	18	10	24	20	21	16	21	16	19	10	26	20	24	20	27	20	25	20
4	26	20	24	20	32	25	28	20	28	20	26	20	35	25	32	25	37	25	34	25
6	34	25	31	25	41	35	36	25	37	25	33	25	46	40	41	35	48	40	43	35
10	46	40	42	35	57	50	50	40	50	40	46	40	63	50	57	50	66	50	60	50
16	61	50	56	50	76	63	68	50	68	50	61	50	85	63	76	63	89	80	80	63
25	80	63	73	63	101	80	89	80	90	80	77	63	112	100	96	80	118	100	101	80
35	99	80	89	80	125	100	111	100	110	100	95	80	138	125	119	100	145	125	126	100
50	119	100	108	80	151	125	134	100	134	100	115	100	167	125	144	125	176	160	159	125
70	151	125	136	100	192	160	171	125	171	125	146	125	213	160	183	160	224	200	202	160
95	182	160	164	125	232	200	207	160	207	160	177	160	258	200	221	200	271	200	244	200
120	210	160	188	160	269	200	239	200	239	200	204	200	299	250	256	200	314	250	282	250
Bei Aluminiumleitern ist die Nennstromstärke der Sicherungen eine Stufe niedriger zu wählen																				

Strombelastbarkeit bei verschiedenen Umgebungstemperaturen

Umgebungstemperatur °C	Strombelastbarkeit I_Z in %	
	Gummiisolierung (zulässige Leitertemperatur 60 °C)	PVC-Isolierung (zulässige Leitertemperatur 70 °C)
bis 10	129	122
über 10 bis 15	122	117
über 15 bis 20	115	112
über 20 bis 25	108	106
über 25 bis 30	100	100
über 30 bis 35	91	94
über 35 bis 40	82	87
über 40 bis 45	71	79
über 45 bis 50	58	71
über 50 bis 55	41	61
über 55 bis 60	50	63

Strombelastbarkeit von Leitungen mit erhöhter Wärmebeständigkeit bei Umgebungstemperaturen über 55 °C

Umgebungstemperatur °C bei Leitungen mit zulässiger Leitertemperatur 120 °C	Umgebungstemperatur °C bei Leitungen mit zulässiger Leitertemperatur 180 °C	Strombelastbarkeit I_Z in % der Werte der Tabelle 4/3
über 55 bis 90	über 55 bis 150	100
über 90 bis 95	über 150 bis 155	91
über 95 bis 100	über 155 bis 160	82
über 100 bis 105	über 160 bis 165	71
über 105 bis 110	über 165 bis 170	58
über 110 bis 115	über 170 bis 175	41

Zuordnung von Leitungsschutzschaltern, Auslösecharakteristik G, B oder C, Dauerbetrieb bei Umgebungstemperatur 25 °C

Verlegeart	Gruppe A		Gruppe B1		Gruppe B2		Gruppe C		Gruppe E	
Anzahl der belasteten Adern	2	3	2	3	2	3	2	3	2	3
Nennquerschnitt mm^2 Cu	Nennstrom der LS-Schalter in A									
1,5	16	13	16	16	16	13	20	16	20	20
2,5	20	16	25	20	20	20	25	25	25	25
4	25	25	32	25	25	25	32	32	40	32
6	32	32	40	32	40	32	50	40	50	40
10	50	40	50	50	50	50	63	63	63	63
16	63	50	80	63	63	63	80	80	80	80
25	80	63	100	80	80	80	100	100	125	100
35	100	80	125	100	100	100	125	125	–	125
50	–	100	–	125	–	125	–	–	–	–

Strombelastbarkeit bei Häufung oder Bündelung von Leitungen

Reduktionsfaktoren bei Häufung oder Bündelung entsprechend DIN VDE 0298 Teil 4

Anordnung		Anzahl der Pritschen	Anzahl der Leitungen 1	2	3	4	5	6	7	8	9
Gebündelt direkt auf der Wand, dem Fußboden, im Elektroinstallationsrohr oder -kanal, auf oder in der Wand	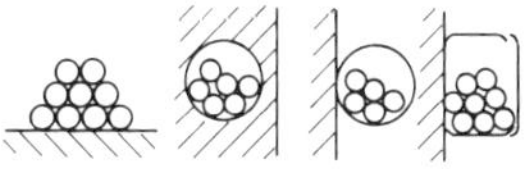		1,00	0,80	0,70	0,65	0,60	0,57	0,54	0,52	0,50
Einlagig auf der Wand oder Fußboden mit Berührung			1,00	0,85	0,79	0,75	0,73	0,72	0,72	0,71	0,70
Einlagig auf der Wand oder Fußboden, mit Zwischenraum gleich Leitungsdurchmesser	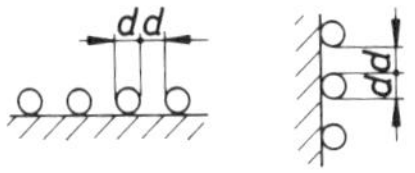		1,00	0,94	0,90	0,90	0,90	0,90	0,90	0,90	0,90
Einlagig unter der Decke, mit Berührung			0,95	0,81	0,72	0,68	0,66	0,64	0,63	0,62	0,61
Einlagig unter der Decke, mit Zwischenraum gleich Leitungsdurchmesser	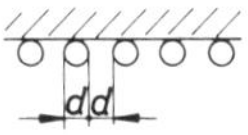		0,95	0,85	0,85	0,85	0,85	0,85	0,85	0,85	0,85
		Anzahl der Pritschen									
Unperforierte Kabelwannen	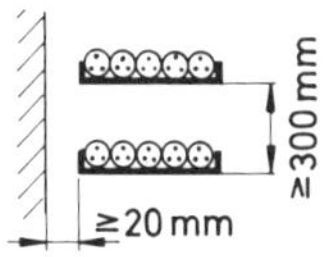	1	0,97	0,84	0,78	0,75	0,73	0,71	0,70	0,69	0,68
		2	0,97	0,83	0,76	0,72	0,70	0,68	0,66	0,64	0,63
		3	0,97	0,82	0,75	0,71	0,68	0,66	0,64	0,62	0,61
		6	0,97	0,81	0,73	0,69	0,66	0,63	0,61	0,59	0,58
Perforierte Kabelwannen	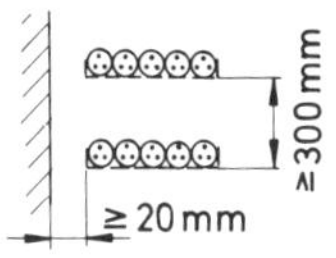	1	1,0	0,87	0,81	0,78	0,76	0,75	0,74	0,73	0,73
		2	1,0	0,86	0,79	0,76	0,74	0,72	0,70	0,69	0,68
		3	1,0	0,85	0,78	0,75	0,72	0,70	0,68	0,67	0,66
		6	1,0	0,84	0,77	0,73	0,70	0,68	0,66	0,65	0,64
Kabelpritschen	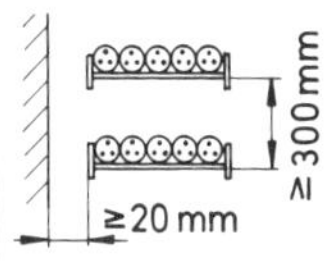	1	1,0	0,88	0,83	0,81	0,80	0,79	0,78	0,78	0,78
		2	1,0	0,86	0,81	0,78	0,76	0,75	0,74	0,73	0,73
		3	1,0	0,85	0,79	0,76	0,74	0,73	0,72	0,71	0,70
		6	1,0	0,83	0,76	0,73	0,71	0,69	0,68	0,67	0,66

Bei abweichender Verlegungsart sind die Reduktionsfaktoren DIN VDE 0298 Teil 4 zu entnehmen.

15.7 Kurzschlußschutz

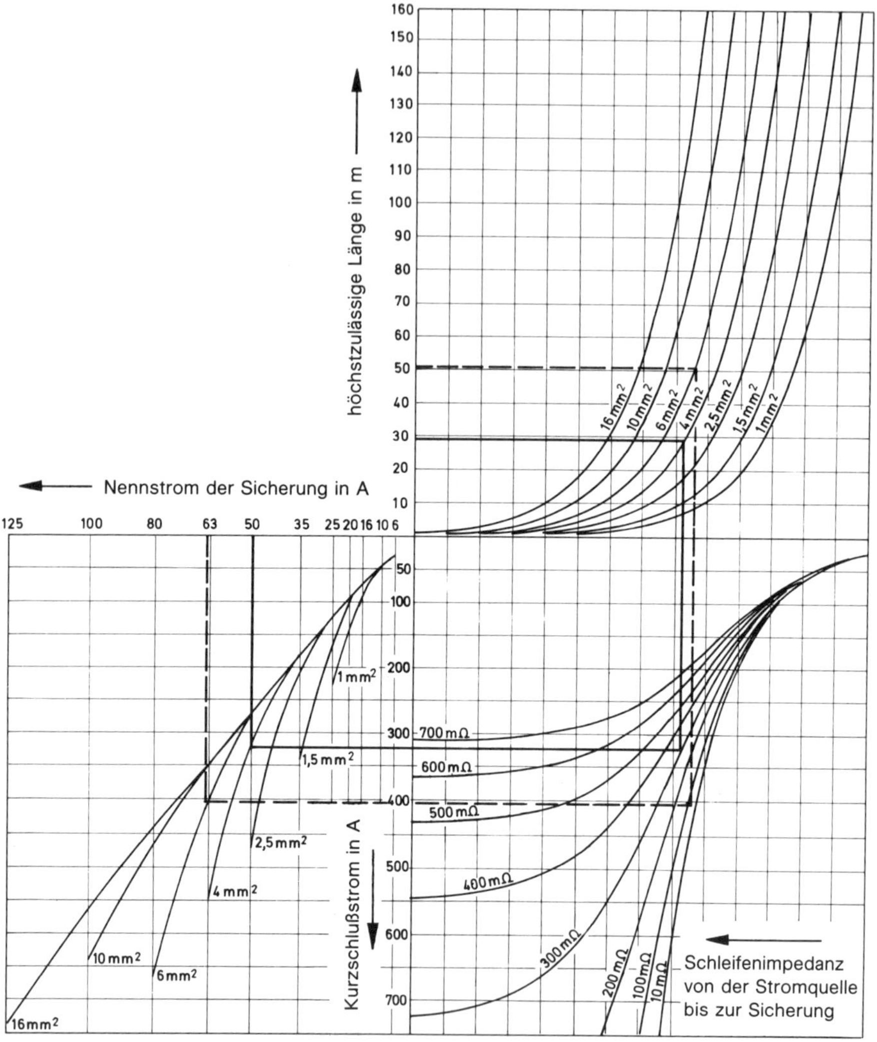

Nomogramm zur Ermittlung der höchstzulässigen Leitungs- bzw. Kabellängen bei einpoligen Kurzschlüssen in 400/230-V-Netzen für Schmelzsicherungen, die nur bei Kurzschluß schützen sollen, und PVC-isolierte Leitungen bis 16 mm² Cu.

Beispiel:

Nennstrom der Sicherung	50 A	Schleifenimpedanz	300 mΩ
Leiterquerschnitt	4 mm²	Höchstzulässige Leitungslänge	29 m

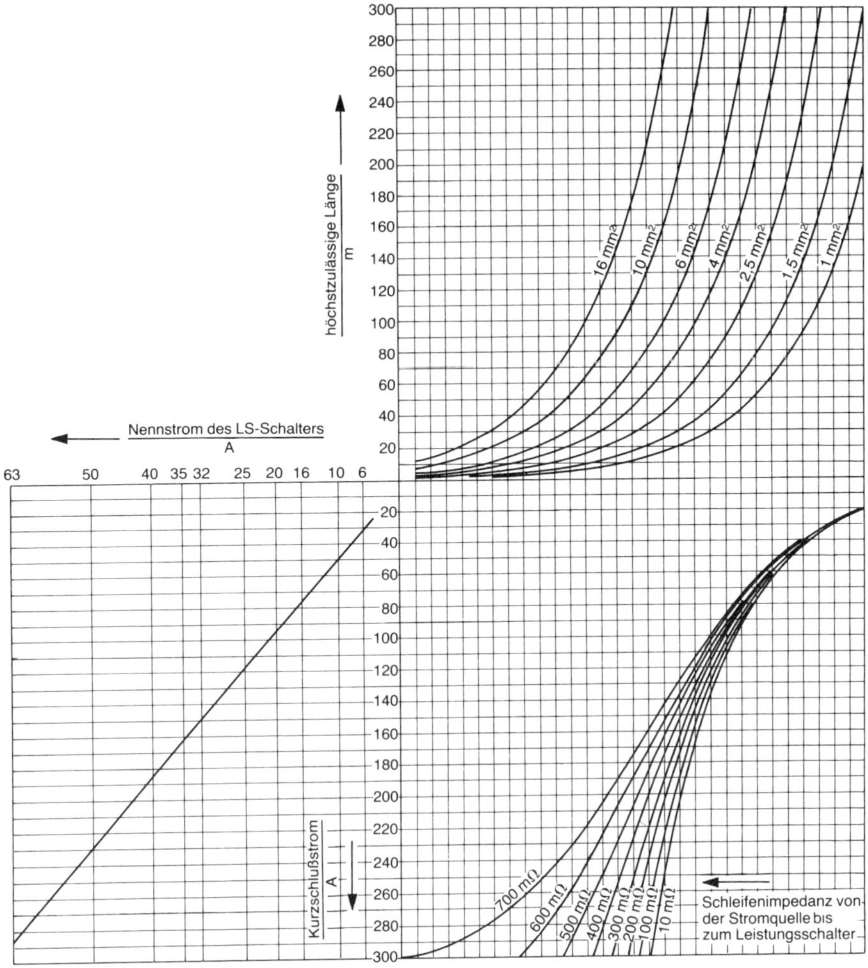

Nomogramm zur Ermittlung der höchstzulässigen Leitungs- bzw. Kabellängen bei einpoligen Kurzschlüssen in 400/230-V-Netzen für LS-Schalter mit Auslösecharakteristik «L» und «B», die nur bei Kurzschlüssen schützen sollen, und PVC-isolierte Leitungen bis 16 mm² Cu.

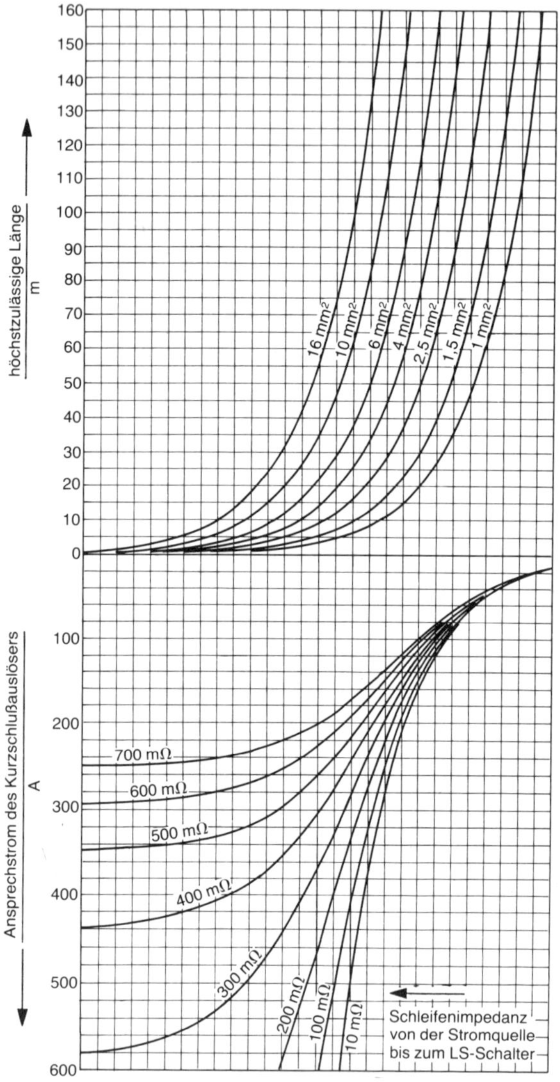

Nomogramm zur Ermittlung der höchstzulässigen Leitungs- bzw. Kabellängen bei einpoligen Kurzschlüssen in 400/230-V-Netzen für LS-Schalter mit Auslösecharakteristik «G» und «C» und Leistungsschalter, die nur bei Kurzschlüssen schützen sollen, und PVC-isolierte Leitungen bis 16 mm² Cu.

15.8 Blitzschutz

Näherung bei vorhandenem Blitzschutz-Potentialausgleich Mindestabstand:

$$D \geqq \frac{L}{7 \cdot n}$$

L Ableitungslänge
n Anzahl der Ableiter

Näherung bei isolierten Blitzschutzanlagen: Geringster Abstand zwischen den oberirdischen Blitzschutzeinrichtungen und -teilen und den leitfähigen Teilen des Gebäudes:

$$D \geqq \frac{R}{5 \frac{\Omega}{\mathrm{m}}}$$

m
R Erdungswiderstand der Blitzschutzanlage in Ω

15.9 Antennenanlagen

Übertragungsbereiche des Ton- und Fernsehrundfunks

	Bereich	Frequenz in MHz	Kanalabstand	Kanäle
Tonrundfunk	Langwelle L Mittelwelle M Kurzwelle K Ultrakurzwelle (F II) U	0,15 ... 0,285 0,51 ... 1,605 3,95 ... 26,1 87,5 ... 104	9 kHz 9 kHz – 300 kHz	– – – 2 ... 56
Fernsehrundfunk	VHF F I F III UHF F IV F V F V	47 ... 68 174 ... 230 470 ... 582 582 ... 790 790 ... 960	7 MHz 7 MHz 8 MHz 8 MHz 8 MHz	2 ... 4 5 ... 12 21 ... 34 35 ... 60 61 ... 81
Sonderbereiche der DBP (BK-Netz)	USB (Unterer) OSB (Oberer) ESB (Erweiterter)	125 ... 174 230 ... 300 302 ... 466	7 MHz 7 MHz 8 MHz	1 ... 7 8 ... 17 18 ... 37
Satellitenrundfunk	SHF F VI	10,95 ... 11,75 GHz (ZF: 950 ... 1750 MHz)	36 MHz	1 ... 20 (Transponder)

Elektromagnetische Wellen

Wellenlänge: $\lambda = \frac{c}{f}$ m

$c \approx 3 \cdot 10^8$ m/s Ausbreitungsgeschwindigkeit im freien Raum (Vakuum oder Luft)

Verstärkungsmaß *v* und Dämpfungsmaß *a* (in dB)

Über das Verhältnis der Ausgangsleistung P_2 zur Eingangsleistung P_1:

$$v = 10 \lg \frac{P_2}{P_1} \text{ bzw. } a = 10 \lg \frac{P_1}{P_2}$$

Über das Verhältnis zur Ausgangsspannung U_2 zur Eingangsspannung U_1:

$$v = 20 \lg \frac{U_2}{U_1} \text{ bzw. } v = 20 \lg \frac{U_1}{U_2}$$

Pegelrechnung

Eine elektrische Spannung von 1µV an einem Widerstand von 75 Ω entspricht einem Pegel von $n = 0$ dB µV

Dämpfung des Anlagennetzes

Pegel am Empfängereingang

$$n_E = n_A + v - a_g$$

n_A Antennenpegel
v Verstärkungsmaß des Antennenverstärkers
a_g Gesamtdämpfung des Antennennetzes

Nutzpegel an Antennen- und Empfangsanlagen

Bereich	Nutzpegel in dB µV			
	an der Bezugsantenne	am Empfängeranschluß		
		Mindestwert	Empfehlung	Maximalwert
UKW	–	40	56	80
UKW Stereo	40	50	56	80
F I (K2 bis K4)	49	52	60	84
F III (K5 bis K12)	47	54	60	84
F IV/V (K21 bis K65)	53	57	60	84

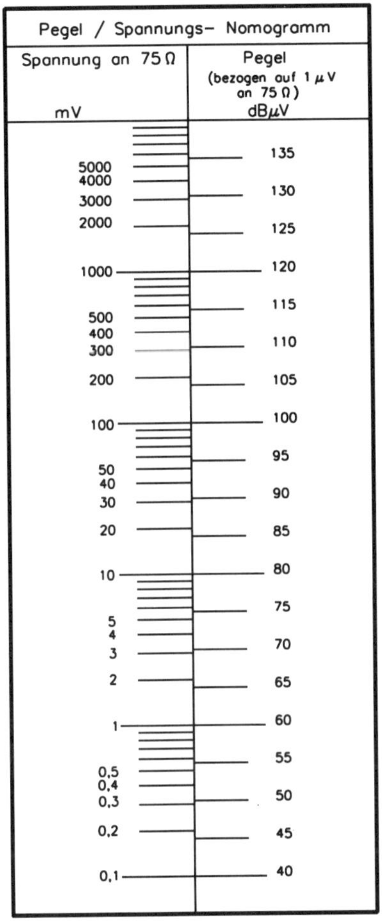

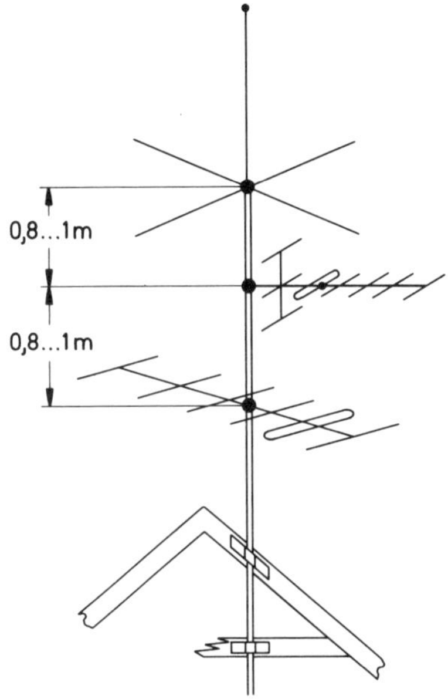

Mindestabstände zwischen den Befestigungspunkten der Antennenelemente

	F I	UKW	F III	F IV	F V
F I	2,5	1,4	1,4	0,8	0,8
UKW 1,4	1,1	0,8	0,8	0,8	
F III	1,4	0,8	0,8	0,8	0,8
F IV	0,8	0,8	0,8	0,6	0,5
F V	0,8	0,8	0,8	0,5	0,5

Mindestabstände zwischen Antennen und Starkstromfreileitungen bis 1000 V

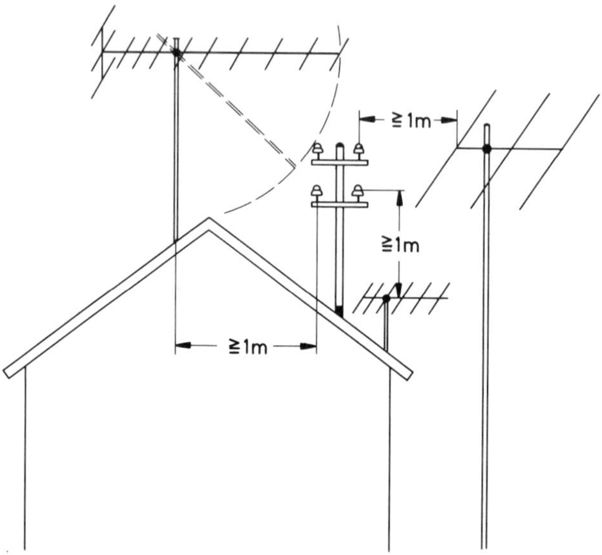

Berechnung der Windlast von Standrohren
Gesamtbiegemoment:

$$M_b = W_{A1} \cdot l_1 + W_{A2} \cdot l_2 + \ldots$$

N · m
W_{A1}, W_{A2} Windlast der einzelnen Antenne
l_1, l_2 Abstand von der oberen Einspannstelle des Standrohrs bis zum Befestigungspunkt der Antenne

Erdungsleitungen für Antennen (Mindestanforderungen)

Werkstoff	außerhalb von Gebäuden	innerhalb von Gebäuden
Stahl (verzinkt)	Volldraht 8 mm ∅ Band 20 mm × 2,5 mm	–
		blank oder isoliert, ein- oder mehrdrähtig
Kupfer	NYY 16 mm²	16 mm²
Aluminium	NAYY 25 mm²	25 mm²

16 Wärmetechnik

Berechnete Größe	Formel	Einheit, Erklärung

16.1 Wärmearbeit, Temperaturerhöhung

Wärmemenge, Wärmearbeit:	$Q = W = m \cdot c \cdot \Delta\vartheta$	1 J = 1 W · s m in kg c in $\frac{\text{J}}{\text{kg} \cdot \text{K}}$ (Tabelle: Seite 109)
Warmwassergerät:	$Q = W_{el}$ $m \cdot c_w \cdot \Delta\vartheta = 3{,}6 \cdot 10^6 \cdot P \cdot t \cdot \eta$	1 J = 1 Ws P in kW t in h $c_w = 4{,}19 \cdot 10^3 \frac{\text{J}}{\text{kg} \cdot \text{K}}$ (Wasser)
Mischungsregel:	$Q_{ab} = Q_{zu}$ $m_1 \cdot c_1 \cdot (\vartheta_1 - \vartheta_m) = m_2 \cdot c_2 \cdot (\vartheta_m - \vartheta_2)$	J
Mischungstemperatur:	$\vartheta_m = \frac{m_2 \cdot c_2 \cdot \vartheta_2 + m_1 \cdot c_1 \cdot \vartheta_1}{m_2 \cdot c_2 + m_1 \cdot c_1}$	°C
Mengenverhältnis:	$\frac{m_1}{m_2} = \frac{c_2 \cdot (\vartheta_2 - \vartheta_m)}{c_1 \cdot (\vartheta_m - \vartheta_1)}$	ϑ_2 höhere Temperatur ϑ_1 niedrigere Temperatur

16.2 **Wärmebedarf von Räumen** (nach DIN 4701)

Wärmeleitwiderstand der Schicht:

$$R_\lambda = \frac{d}{\lambda} \qquad \frac{m^2 \cdot K}{W}$$

Wärmedurchgangswiderstand:

$$R_k = R_i + \Sigma R_\lambda + R_a$$

R_λ Wärmeleitwiderstand (Wärmedurchlaßwiderstand)
R_i innerer Wärmeübergangswiderstand (Tabelle 16.1)
R_a äußerer Wärmeübergangswiderstand (Tabelle 16.1)
d Materialdicke in m
λ Wärmeleitfähigkeit des Materials in $\frac{W}{m \cdot K}$ (Tabelle 16.2)

Norm-Wärmedurchgangskoeffizient:

$$k_N = k + \Delta k_A + \Delta k_S \qquad \frac{W}{m^2 \cdot K}$$

k_A Außenflächenkorrektur

$k_S = -0{,}3 \ \frac{W}{m^2 \cdot K}$ Sonnenkorrektur (für Klargla

Norm-Transmissionswärmebedarf:

$$\dot{Q}_T = \Sigma (A \cdot k_N \cdot \Delta\vartheta) \qquad W$$

A Fläche (Wand, Fenster usw.) in m^2

Temperaturdifferenz:

$$\Delta\vartheta = \vartheta_i - \vartheta_a$$

ϑ_i Norm-Innentemperatur
ϑ_a Norm-Außentemperatur

Norm-Lüftungswärmebedarf:

$$\dot{Q}_L = V_L \cdot c \cdot \Delta\vartheta \qquad \text{W}$$

oder

$$\dot{Q}_L = \Sigma(a \cdot l)_A \cdot H \cdot r \cdot \Delta\vartheta$$

V_L durchströmende Luftmenge in $\frac{m^3}{h}$

spezifische Wärme für Luft:

$$c = 0{,}36 \frac{Wh}{m^3} \cdot K$$

a Fugendurchlaßkoeffizient von Fenstern und Türen in $\frac{m^3}{m \cdot h \cdot (Pa)^{2/3}}$

Norm-Wärmebedarf = Wärmeleistung:

$$\dot{Q}_N = P$$

$$\dot{Q}_N = \dot{Q}_T + \dot{Q}_L$$

l Fugenlänge in m
A Index für windangeströmte Räume
H Hauskenngröße für Gebäude bis 10 m Höhe
r Raumkennzahl

Tabelle 16.1 Wärmeübergangswiderstände *R*

Wandinnenseite u. Fußboden bzw. Decken mit Wärmestrom von unten nach oben	$R_i = 0{,}13 \; \frac{m^2 \cdot K}{W}$
Fußboden und Decken mit Wärmestrom von oben nach unten	$R_i = 0{,}17 \; \frac{m^2 \cdot K}{W}$
Wandaußenseite bei mittlerer Windgeschwindigkeit	$R_a = 0{,}04 \; \frac{m^2 \cdot K}{W}$

Tabelle 16.2 Wärmeleitfähigkeit λ in $\frac{W}{m \cdot K}$

Vollziegel	0,52	Putz (Kalkmörtel)	0,87
Kalksandvollstein	0,99	Zementmörtel	1,40
Schaumbetonstein	0,41	Schaumkunststoffe	0,04
Beton	2,1		

16.3 Wärmewiderstand, Verlustleistung, Kühlkörper

Wärmewiderstand oder thermischer Widerstand allgemein:

$$R_{th} = \frac{\vartheta_2 - \vartheta_1}{P} = \frac{\Delta\vartheta}{P} \qquad \frac{K}{W}$$

Zulässige Verlustleistung eines Bauelements:

$$P_{tot} \geqq P_{Vzul} = \frac{\vartheta_j - \vartheta_u}{R_{thju}} \qquad 1\ W = 1\ \frac{K}{K/W}$$

P_{tot} Maximal zulässige Verlustleistung laut Datenblatt

P_{Vzul} Maximal zulässige Verlustleistung bei den gegebenen Einbaubedingungen

Bei Bauelementen, die auf einen Kühlkörper montiert sind ist der gesamte Wärmewiderstand:

$$R_{thJU} = R_{thJG} + R_{thGK} + R_{th\,KU}$$

ϑ_J Zulässige Sperrschichttemperatur laut Datenblatt

ϑ_U Temperatur des umgebenden Kühlmediums

R_{thJG} (R_{thJC}) Wärmewiderstand zwischen Sperrschicht und Gehäuse

R_{thGK} Wärme-Übergangswiderstand vom Gehäuse zum Kühlkörper

R_{thKU} (R_{thK}) Wärmeabgabewiderstand des Kühlkörpers an das umgebende Kühlmittel (Luft)

	cm² K/W	$R_{th\,GK}$		
		TO 3	TO 126	TO 220
ohne Wärmeleitpaste				
Metall – Metall	1,0	0,2	3,5	0,7
Metall – Eloxal	2,0	0,4	7,2	1,4
Glimmer 50 µm	6,5	1,3	22,7	4,5
Glimmer 100 µm	7,5	1,5	26,2	5,3
mit Wärmeleitpaste				
Metall – Metall	0,5	0,1	1,8	0,4
Metall – Eloxal	1,4	0,3	5,0	1,0
Glimmer 50 µm	2,0	0,4	7,0	1,4
Glimmer 100 µm	3,0	0,6	10,5	2,1

Tabelle 16.3 Wärmekontaktwiderstände (R_{thGK}) für plane Flächen zwischen verschiedenen Medien bezogen auf 1 cm² Kontaktfläche und für einige Gehäuseformen von Halbleiterbauelementen.

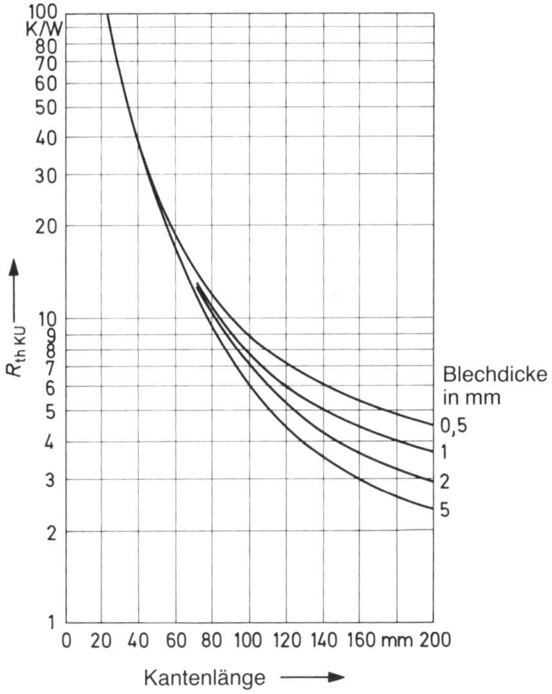

Bild 16/1 Wärmeabgabewiderstand (R_{thKU}) in Abhängigkeit von der Kantenlänge eines quadratischen Aluminiumblechs für verschiedene Blechdicken

17 Beleuchtungstechnik

Berechnete Größe	Formel	Einheit, Erklärung
Lichtausbeute:	$\eta = \frac{\Phi_0}{P}$	$\frac{\text{lm}}{\text{W}}$
Beleuchtungsstärke:	$E = \frac{\Phi_{\text{Nutz}}}{A}$	$\text{lx} = \frac{\text{lm}}{\text{m}^2}$ Φ_0 Lichtstrom je Lampe in lm A beleuchtete Fläche (Raumfläche) in m^2 Φ_{Nutz} Lichtstrom auf der beleuchteten Ebene (Nutzebene) in lm P elektrische Leistung in W
Beleuchtungsstärke auf einer horizontalen Ebene (aus LVK):	$E_\text{h} = \frac{I_\gamma}{h^2} \cdot (\cos \gamma)^3$	I Lichtstärke in cd $I\gamma$ Lichtstärke in cd unter dem Winkel γ $\cos \gamma$ Kosinus des Ausstrahlungswinkels γ h Höhe (Abstand) in m zwischen Lichtquelle und beleuchteter Fläche

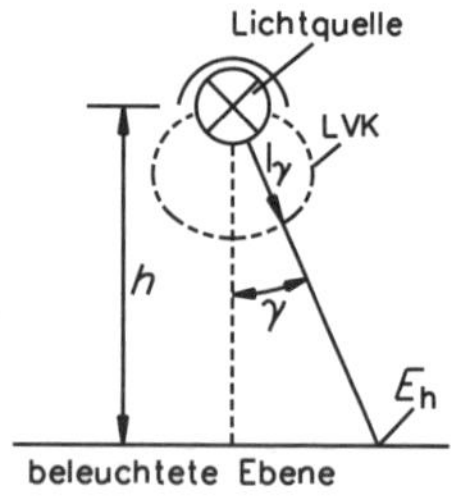

Leuchtdichte einer selbstleuchtenden (durchscheinenden) Fläche unter schrägem Blickwinkel:

$$L_\gamma = \frac{I_\gamma}{A_S \cdot \cos_\gamma} p$$

$\frac{\text{cd}}{\text{m}^2}$
A_S selbstleuchtende Fläche in m^2

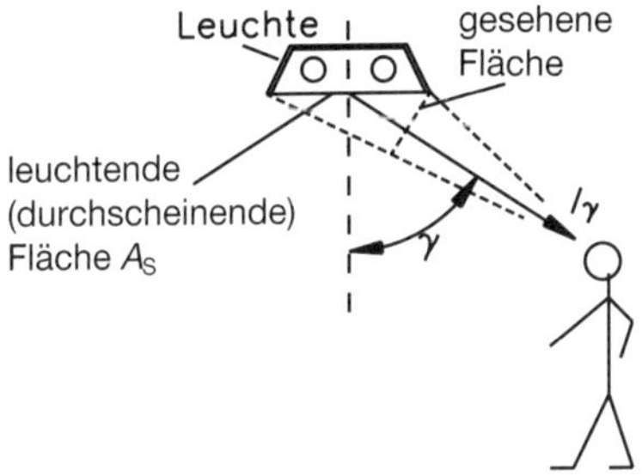

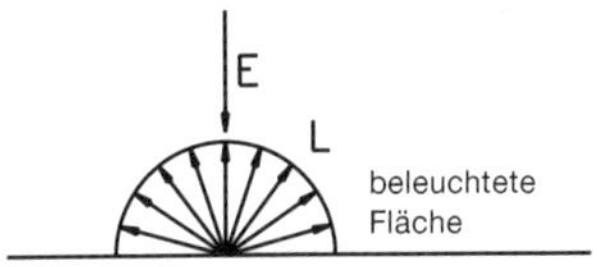

Leuchtdichte einer beleuchteten Fläche bei diffuser Reflexion:

$$L = \frac{E \cdot \rho}{\pi}$$

ρ Reflexionsgrad der beleuchteten Fläche (ohne Einheit)

Raumindex:

$$\text{k} = \frac{a \cdot b}{h \cdot (\text{a} + \text{b})}$$

k ohne Einheit
a Raumlänge in m
b Raumbreite in m

Beleuchtungswirkungsgrad:

$$\eta_B = \eta_{LB} \cdot \eta_R$$

η_{LB} Leuchtenbetriebswirkungsgrad

Gesamtlichtstrom:

$$\Phi_{ges} = \frac{E_n \cdot A \cdot p}{\eta_B}$$

E_n Nennbeleuchtungsstärke in lx nach DIN 5035
η_R Raumwirkungsgrad
p Planungsfaktor (ohne Einheit)

Lampenzahl:

$$n_{La} = \frac{\Phi_{ges}}{\Phi_0}$$

18 Elektronik

18.1 Halbleiterbauelemente (mit den wichtigsten Kenndaten)

18.1.1 Veränderliche Widerstände

NTC-Widerstand, Heißleiter
Temperaturbeiwert:

$\alpha \approx -3 \ldots -6 \dfrac{\%}{\mathrm{K}}$ bei $\vartheta \approx 25\,°\mathrm{C}$

Widerstand bei Nenntemperatur (z. B. bei $\vartheta_N = 25\,°\mathrm{C}$): R_N

$R = f(\vartheta)$ $U = f(I)$

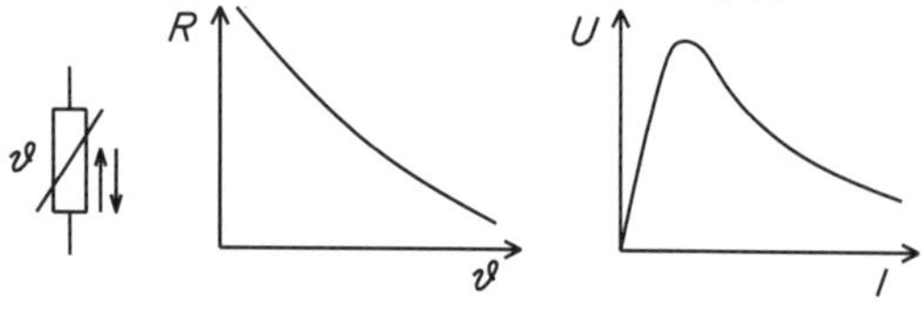

PTC-Widerstand, Kaltleiter
Temperaturbeiwert:

$a \approx +6 \ldots 60 \dfrac{\%}{\mathrm{K}}$ bei $\vartheta > \vartheta_A$

Anfangstemperatur: ϑ_A
Anfangswiderstand: R_A

$R = f(\vartheta)$ $I = f(U)$

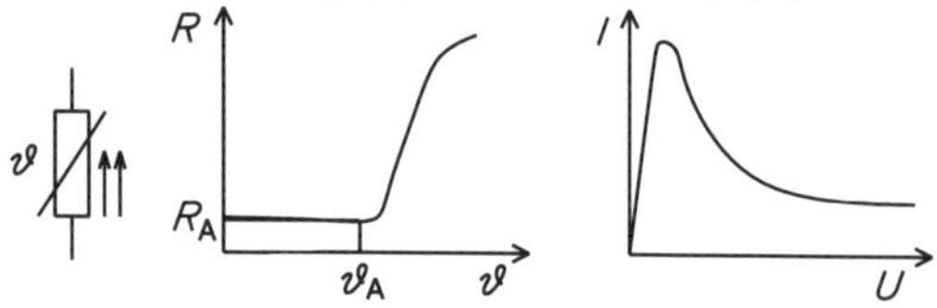

VDR, Spannungsabhängiger Widerstand, Varistor
(Metalloxid-Varistor)
Betriebsspannungsbereich
Ansprechzeit

$I = f(U)$

LDR, Fotowiderstand
Dunkelwiderstand: R_0
Hellwiderstand bei
$E = 1000$ lx: R_{1000}

$R = f(E_V)$

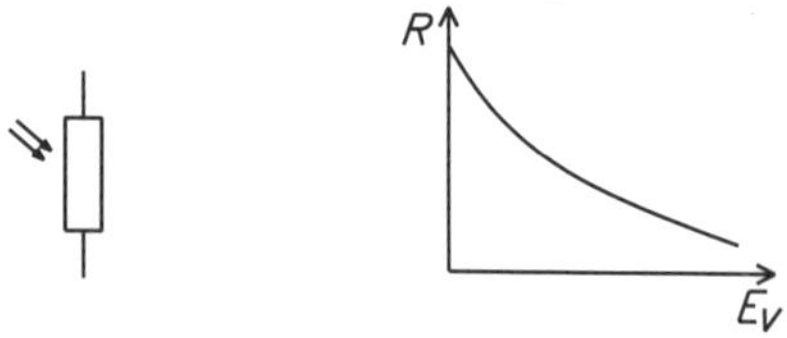

MDR, Feldplatte, Magnetfeldabhängiger Widerstand
Grundwiderstand: R_0
Widerstand bei $B = 1$ T: R_{1T}

$R = f(B)$

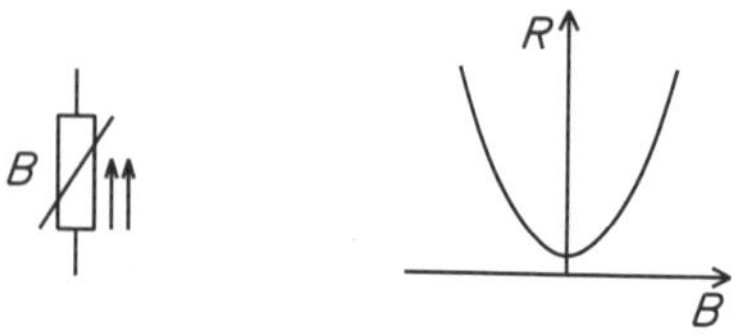

18.1.2 Dioden

Gleichrichter- und Signaldiode

(Silizium)
Fluß- oder Durchlaßspannung:
$U_F \approx 0{,}7\,V \ldots 1\,V$
Sperrverzugszeit: t_{rr}
Durchbruchspannung: U_{Br}

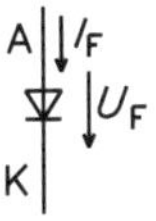

$I_F = f(U_F)$

$I_R = f(U_R)$

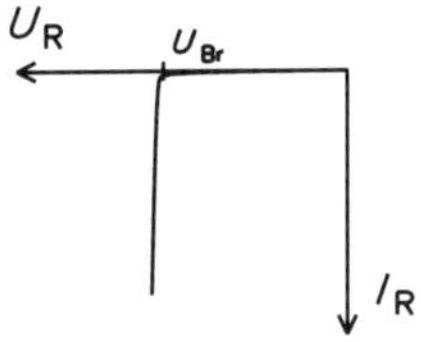

Schottky-Diode

Flußspannung: $U_F \approx 0{,}4\,V$
Sperrverzugszeit: t_{rr}

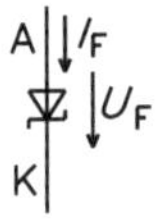

$I_F = f(U_F)$

Z-Diode

Nenn-Z-Spannung bei Meßstrom
(z. B. $I_M = 5$ mA): U_Z
differentieller Z-Widerstand:

$$r_Z = \frac{\Delta U_Z}{\Delta I_Z}$$

Temperaturbeiwert der
Z-Spannung:

α_{UZ} in 1/K

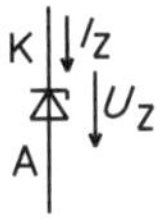

$I_Z = f(U_Z)$

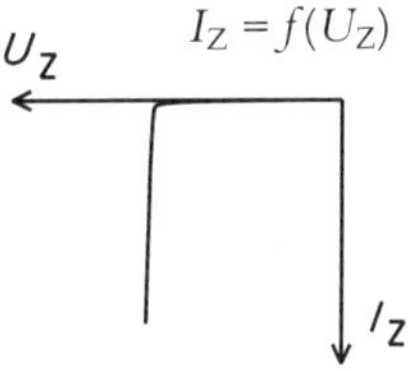

LED, Leuchtdiode

Flußspannung je nach Farbe
rot: $U_F \approx 1{,}6$ V ... 2,0 V
gelb: $U_F \approx 1{,}8$ V ... 2,2 V
grün: $U_F \approx 2{,}0$ V ... 2,4 V

IRED, Infrarotdiode:
$U_F \approx 1{,}0 \ldots 1{,}2$ V

$I_F = f(U_F)$

Fotodiode

Fotoempfindlichkeit: S in nA/lx
Fotostrom bei $E_V = 1000$ lx: I_P
Dunkelstrom: I_0

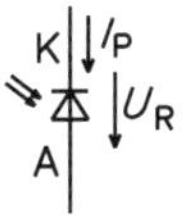

$I_P = f(U_R)$ bei
E_V = konst.

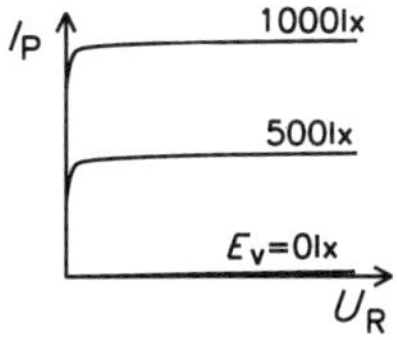

Fotoelement, Solarzelle
(Silizium)
Leerlaufspannung:
$U_0 \approx 0{,}5\ \text{V} \ldots 0{,}6\ \text{V}$
Kurzschlußstrom bei $E_V = 1000\ \text{lx}$

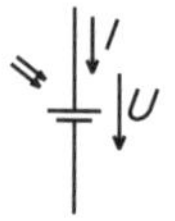

$U_0;\ I_K = f(E_V)$

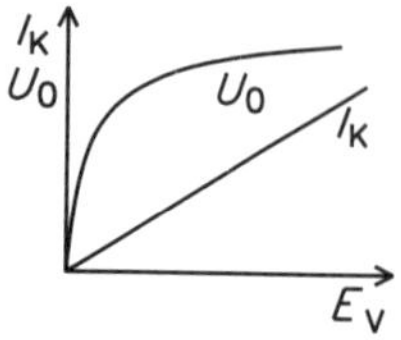

Kapazitätsdiode
Kapazitätsverhältnis:
$$\frac{C_{3V}\ (\text{bei } U_R = 3\ \text{V})}{C_{30V}\ (\text{bei } U_R = 30\ \text{V})}$$

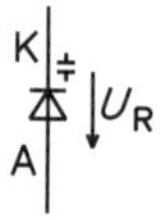

$C_D = f(U_R)$

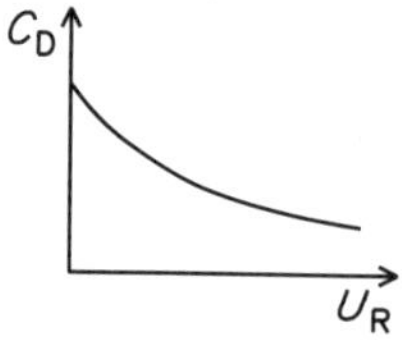

18.1.3 Transistoren

Bipolartransistor (Silizium)

$U_{BE} \approx 0{,}6\ \text{V} \ldots 0{,}8\ \text{V}$
Gleichstrom- oder Großsignal-Stromverstärkung:
$$B = \frac{I_C}{I_B}$$

Dynamische- oder Kleinsignal-Stromverstärkung:
$$\beta = h_{21} = \frac{\Delta I_C}{\Delta I_B}$$

NPN-Typ

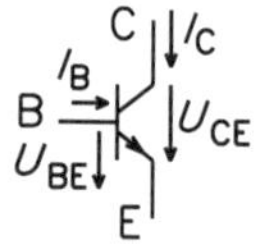

PNP-Typ

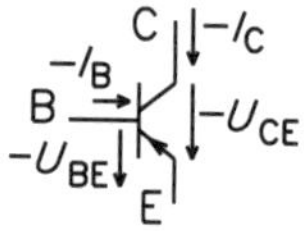

Kennlinien vom NPN-Typ
$I_B = f(U_{BE})$; $(U_{CE} = \text{konst})$; $I_C = f(U_{CE})$; $(I_B = \text{konst})$

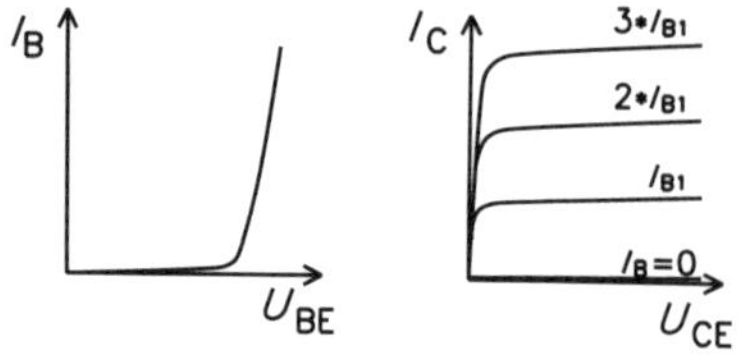

Darlingtontransistor (NPN-Typ)
Stromverstärkung: $B = \dfrac{I_C}{I_B} \approx B_1 \cdot B_2$
$U_{BE} \approx 1{,}2\ \text{V} \ldots 1{,}6\ \text{V}$

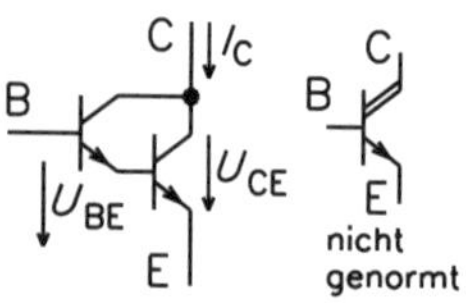

$I_B = f(U_{BE})$

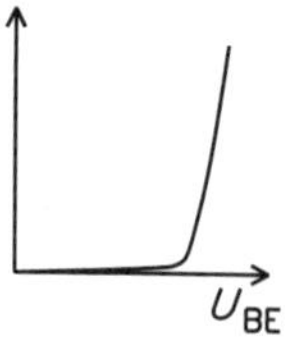

Fototransistor (NPN-Typ)

Fotostrom bei $E_V = 1000\ \text{lx}$ und $U_{CE} = 5\ \text{V}$: I_P

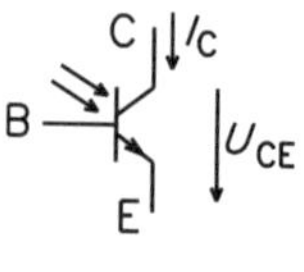

$I_C = f(U_{BE})$ bei $E_V = \text{konst}$

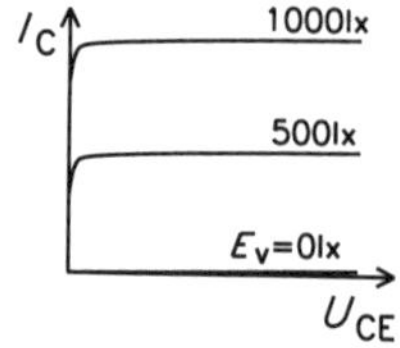

J-FET, Sperrschicht-Feldeffekt-Transistor N-Kanal-Typ
Gate-Sättigungsspannung: U_{GSS}
Drain-Sättigungsstrom: I_{DSS}
Steilheit: $S = g_{fs} = \dfrac{\Delta I_D}{\Delta U_{GS}}$
Ein-Widerstand: R_{DSon}

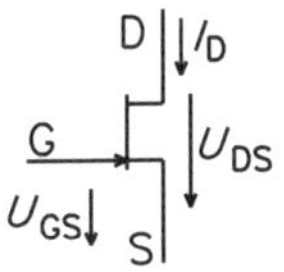

$I_D = f(-U_{GS})$; U_{DS} = konst.

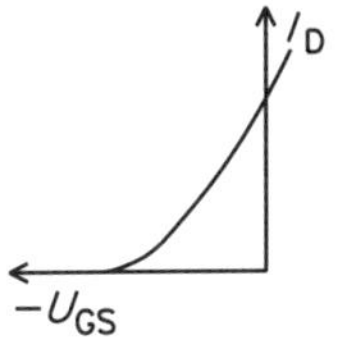

Selbstsperrender MOS-FET
(Anreicherungs-IG-FET)
auch VMOS-, Power-MOS-FET
Steilheit: $S = \dfrac{\Delta I_D}{\Delta U_{GS}}$
Schwellspannung: U_{th}

N-Kanal-Typ

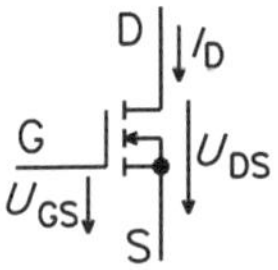

$I_D = f(U_{GS})$, U_{DS}-konst.

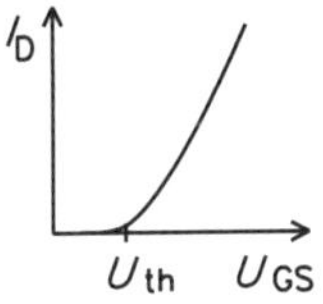

Ein-Widerstand: R_{DSon}

P-Kanal-Typ

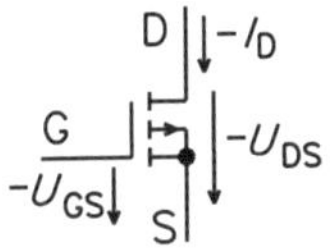

$I_D = f(U_{GS})$, U_{DS}-konst.

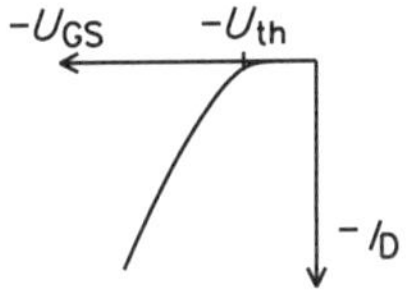

Selbstleitender MOS-FET
(Verarmungs-IG-FET)
Steilheit: $S = \dfrac{\Delta I_D}{\Delta U_{GS}}$

N-Kanal-Typ

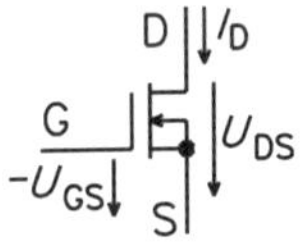

$I_D = f(U_{GS})$, U_{DS}-konst.

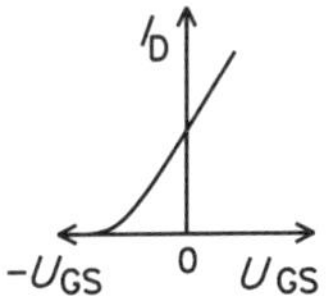

P-Kanal-Typ

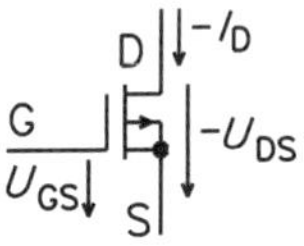

$I_D = f(U_{GS})$, U_{DS}-konst.

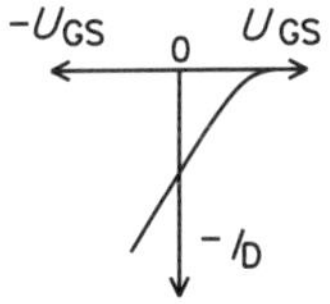

UJT, Unijunktiontransistor
Höckerspannung,
Kippspannung: U_P
Talspannung: U_V
Talstrom: I_V
Inneres Spannungsverhältnis:

$$\eta \approx \frac{U_P}{U_{BB}}$$

(N-Kanal-Typ)

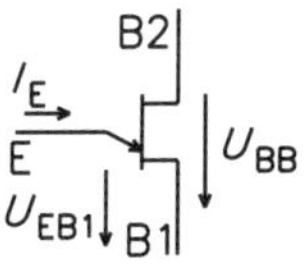

$I_E = f(U_{EB1})$; U_{BB} = konst.

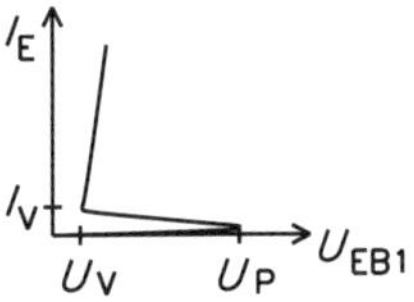

18.1.4 Thyristoren

Vierschichtdiode, Thyristordiode
Kippspannung,
Schaltspannung: U_{BO}
Haltestrom: I_H

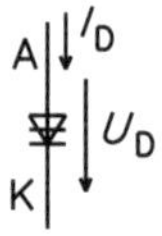

$I_D = f(U_D)$

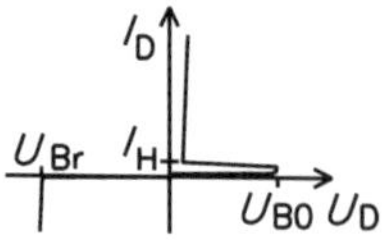

DIAC (in Dreischichtaufbau)
Durchbruchspannung
(symmetrisch): U_{BO}
Rücklaufspannung
(symmetrisch): ΔU

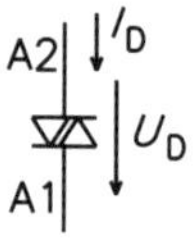

$I_D = f(U_D)$

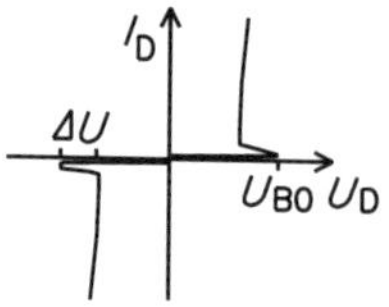

Thyristor
Rückwärtssperrende
Thyristortriode
Freiwerdezeit: t_q
Periodische Spitzensperrspannung:
U_{DRM}/U_{RRM}
Dauergrenzstrom: I_{TAV}

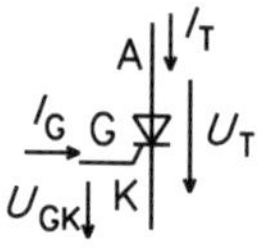

$I_T = f(U_T)$

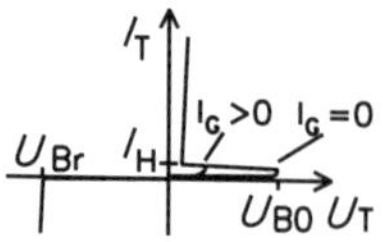

GTO-Thyristor
Abschalt-Thyristor

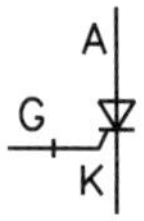

$I_T = f(U_T)$
(siehe Thyristor)

Thyristortetrode, PUT

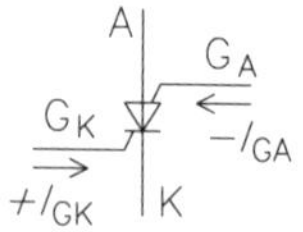

$I_T = f(U_T)$
(siehe Thyristor)

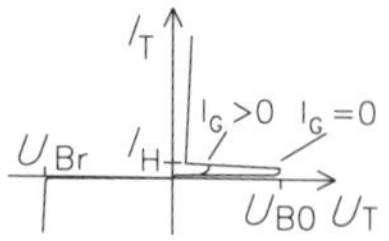

TRIAC,
Zweirichtungs-Thyristor
Kritische Spannungssteilheit

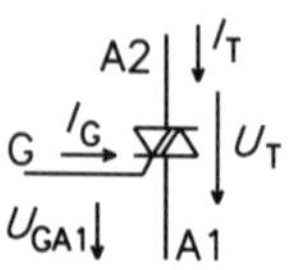

$I_T = f(U_T)$

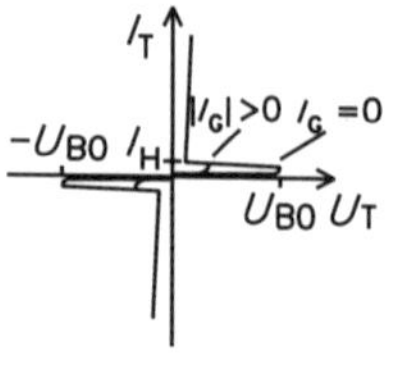

18.2 Gleichrichterschaltungen

18.2.1 Gleichrichterschaltungen mit Ladekondensator

U_I Effektivwert der Eingangsspannung
U_d arithmetischer Mittelwert der gleichgerichteten Spannung
U_{RRM} periodische Diodenspitzen-Sperrspannung
U_W Effektivwert der der Ausgangsspannung überlagerten Wechselspannung (Brummspannung)
I_d arithmetischer Mittelwert des Gleichstroms
I_{FAV} arithmetischer Mittelwert des Diodenstroms
S_T Trafo-Typenleistung
f Frequenz der Eingangsspannung
f_w Pulsfrequenz der gleichgerichteten Spannung

$w = \frac{U_w}{U_d}$ Welligkeit

Alle Berechnungen gelten bei Belastung des Ausgangs. Der Ladekondensator ist so dimensioniert, daß die Welligkeit der Ausgangsspannung $w = 5$ % beträgt.

	$\frac{U_d}{U_I}$	C_L	$\frac{U_{RRM}}{U_I}$	$\frac{I_{FAV}}{I_d}$	$\frac{S_T}{U_d \cdot I_d}$	$\frac{f_w}{f}$
M1 mit Ladekondensator 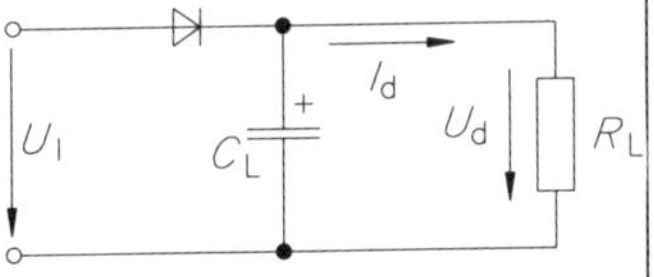	1,18	$\frac{0{,}25 \cdot I_d}{U_w \cdot f_w}$	2,83	1,43	1,73	1
B2 mit Ladekondensator 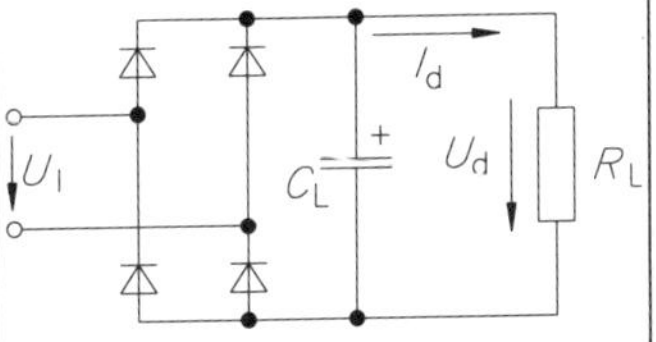	1,25	$\frac{0{,}2 \cdot I_d}{U_w \cdot f_w}$	1,41	0,72	1,24	2
M2 mit Ladekondensator 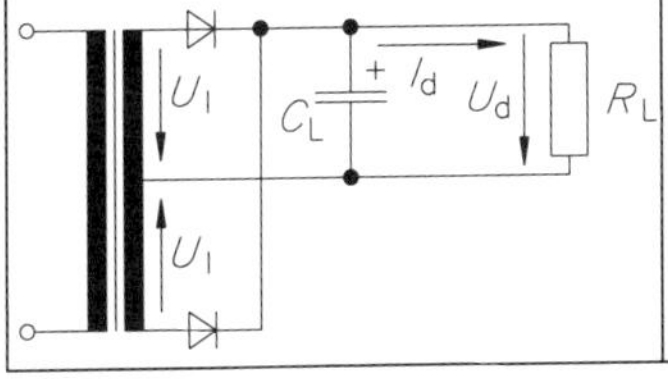	1,25	$\frac{0{,}2 \cdot I_d}{U_W \cdot f_W}$	2,83	0,72	1,48	2

18.2.2 Gleichrichterschaltungen mit ohmscher und mit induktiver Last

Verwendete Formelzeichen:

U_I	Effektivwert der Eingangsspannung
U_d	arithmetischer Mittelwert der gleichgerichteten Spannung
U_{RRM}	periodische Diodenspitzen-Sperrspannung
U_W	Effektivwert der der Ausgangsspannung überlagerten Wechselspannung (Brummspannung)
I_I	Effektivwert des Wechselstroms; Trafostrom
I_d	arithmetischer Mittelwert des Gleichstroms
I_{FAV}	arithmetischer Mittelwert des Diodenstroms
I_{FRMS}	Effektivwert des Diodenstroms
S_T	Trafo-Typenleistung
f	Frequenz der Eingangsspannung
f_w	Pulsfrequenz der gleichgerichteten Spannung
w	Welligkeit der Ausgangsspannung $w = U_w/U_d$ in %

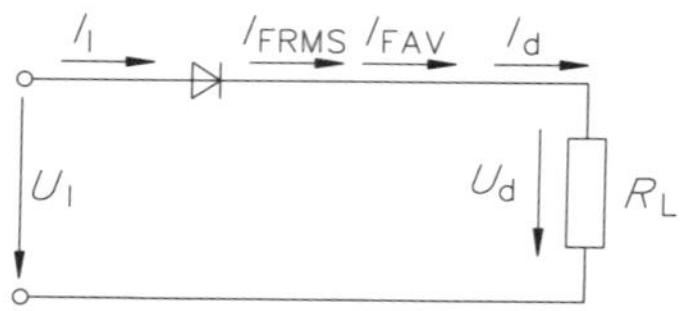

		$\frac{U_d}{U_I}$	$\frac{I_d}{I_I}$	$\frac{U_{RRM}}{U_d}$	$\frac{I_{FAV}}{I_d}$	$\frac{I_{FRMS}}{I_d}$	$\frac{S_T}{U_d \cdot I_d}$	$\frac{f_w}{f}$	w in %	Strom-fluß-winkel Diode
M1 Einpuls-Mittelpunkt-Schaltung	$\frac{L}{R} = 0$	0,45	0,64	3,14	1	1,57	3,09	1	121	180°

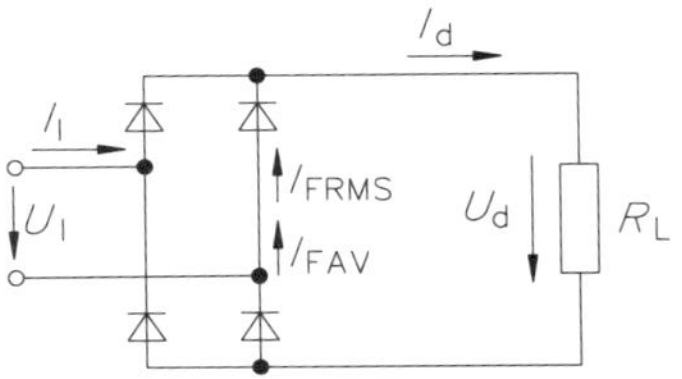

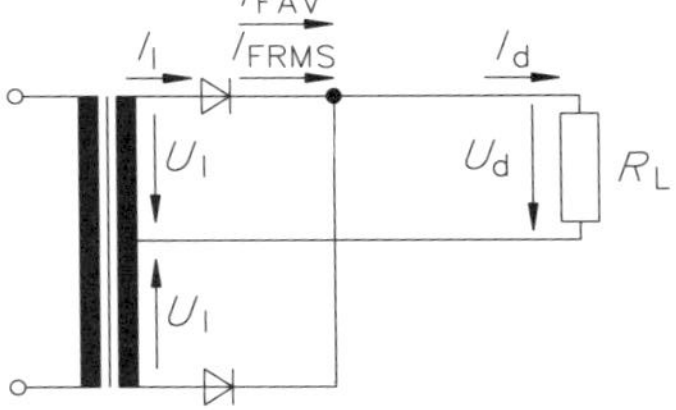

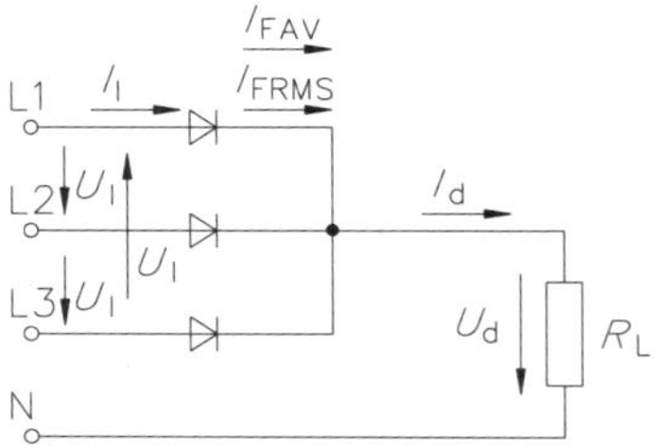

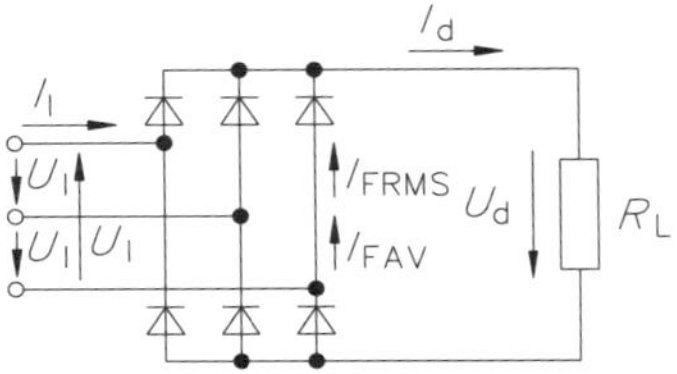

B2 Zweipuls-Brücken-Schaltung	$\frac{L}{R} = 0$	0,9	0,9	1,57	0,5	0,785	1,23	2	48,2	180°
	$\frac{L}{R} = \infty$		1			0,707	1 11			
M2 Zweipuls-Mittelpunkt-Schaltung	$\frac{L}{R} = 0$	0,9	1,28	1,57	0,5	0,785	1,48	2	48,2	180°
M3 Dreipuls-Mittelpunkt-Schaltung	$\frac{L}{R} = \infty$	0,68	1,72	2,09	0,333	0,577	1,35	3	18,3	120°
B6 Sechspuls-Brükken-Schaltung	$\frac{L}{R} = \infty$	1,35	1,22	1,05	0,333	0,577	1,05	6	4,2	120°

18.2.3 Spannungsverdoppler und Vervielfacherschaltungen

Die Ausgangsspannungen sind nur für sehr kleine Lastströme geeignet

U_I Effektivwert der Eingangswechselspannung

U_d arithmetischer Mittelwert der Ausgangsspannung (je nach Belastung)

$\hat{u}_I$ Maximalwert der Eingangswechselspannung

<table>
<tr><td>D 1</td><td>Einpulsverdoppler (Villardschaltung)
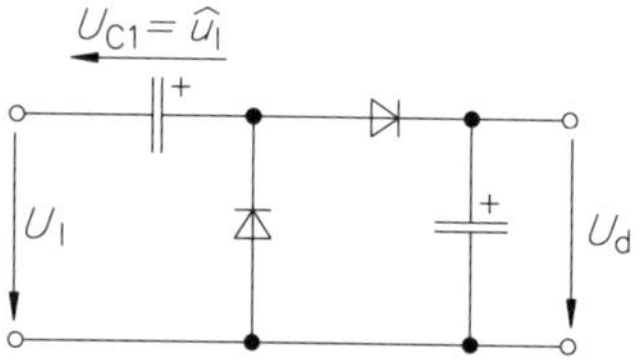
</td><td>$U_\mathrm{d} \leqq 2 \cdot \hat{u}_I = 2 \cdot \sqrt{2} \cdot U_\mathrm{I}$</td></tr>
<tr><td>D 2</td><td>Zweipulsverdoppler (Greinacherschaltung)
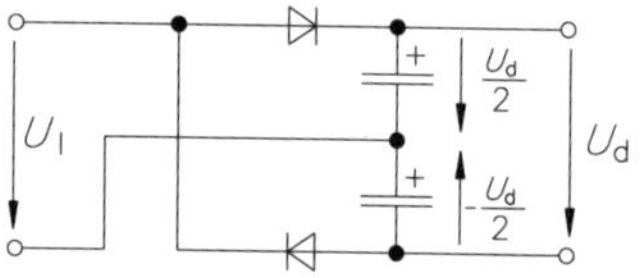
</td><td>$U_\mathrm{d} \leqq 2 \cdot \hat{u}_I = 2 \cdot \sqrt{2} \cdot U_\mathrm{I}$</td></tr>
<tr><td>V 1</td><td>Einpulsvervielfacher (Kaskade)
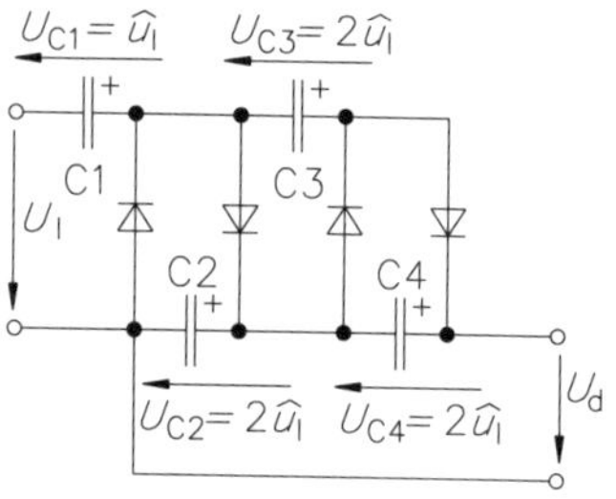
</td><td>$U_\mathrm{d} \leqq 2 \cdot 2 \cdot \hat{u}_I = 4 \cdot \hat{u}_\mathrm{I} = 4 \cdot \sqrt{2} \cdot U_\mathrm{I}$</td></tr>
</table>

18.2.4 Kennlinien gesteuerter Gleichrichterschaltungen.

Abhängigkeit des Steuerwinkels α und von der Schaltungsart

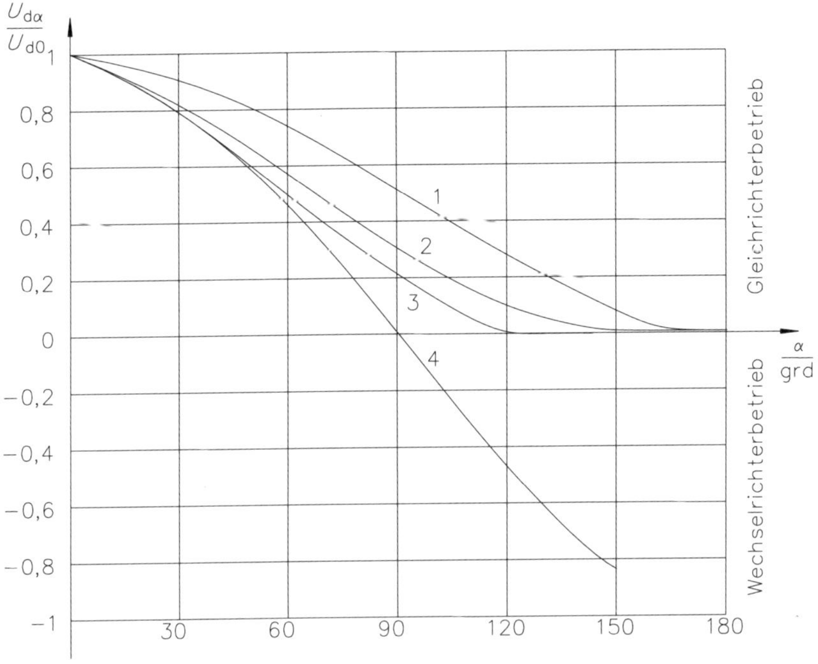

1. Zweipulsige vollgesteuerte Schaltung (B2C) mit ohmscher Last. Zweipulsige halbgesteuerte Schaltung (B2HZ, B2HK) mit ohmscher oder induktiver Last.
2. Dreipulsige vollgesteuerte Schaltung (M3C) mit ohmscher Last.
3. Sechspulsige vollgesteuerte Schaltung (B6C) mit ohmscher Last.
4. Zwei-, drei- und sechspulsige vollgesteuerte Schaltung (B2C, M3C, B6C) mit induktiver bzw. aktiver Last.

Gesteuerte Zweipuls-Brückenschaltung

B2C

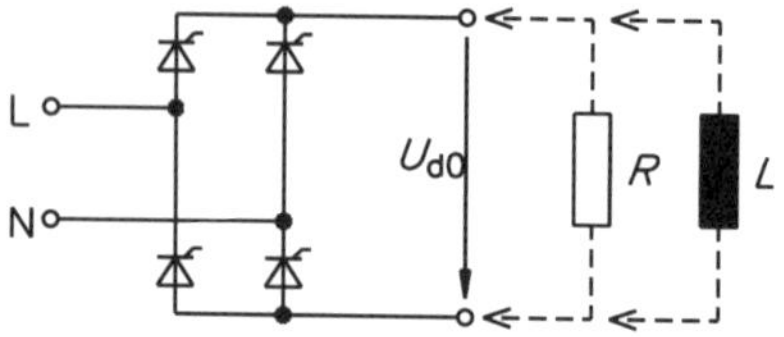

arithmetischer Mittelwert der Ausgangsspannung bei $\alpha = 0°$
$U_{d0} = 0{,}9 \cdot U_{LN}$

Halbgesteuerte Zweipuls-Brückenschaltung

B2HZ

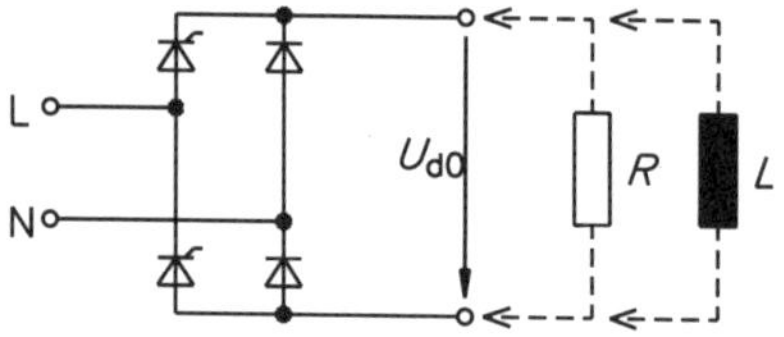

$U_{d0} = 0{,}9 \cdot U_{LN}$

B2HK

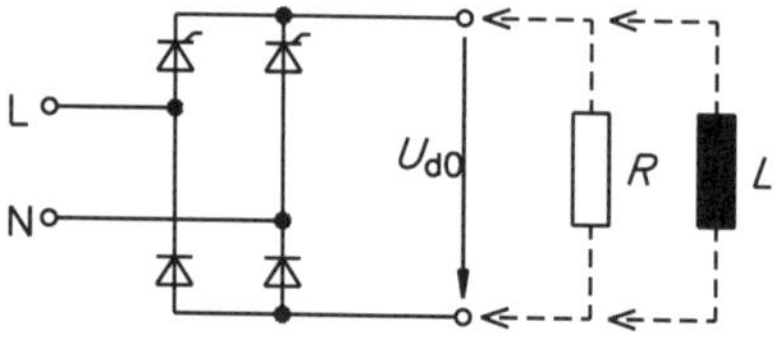

$U_{d0} = 0{,}9 \cdot U_{LN}$

Gesteuerte Dreipuls-Mittelpunktschaltung

M3C

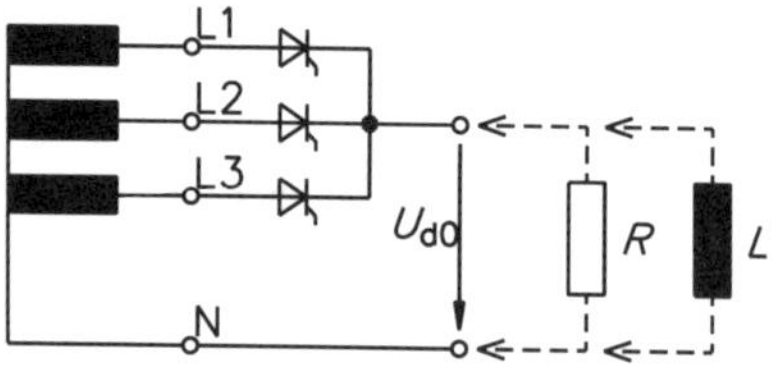

$U_{d0} = 0{,}68 \cdot U_{LL}$

Gesteuerte Sechspuls-Brückenschaltung

B6C

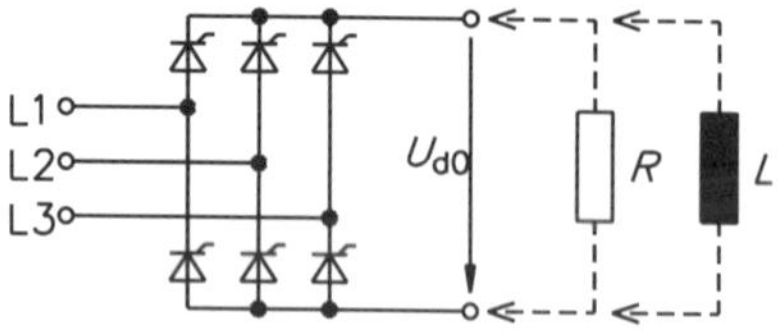

$U_{d0} = 1{,}35 \cdot U_{LL}$

18.3 Spannungsstabilisierung

18.3.1 Mit Z-Diode und Vorwiderstand

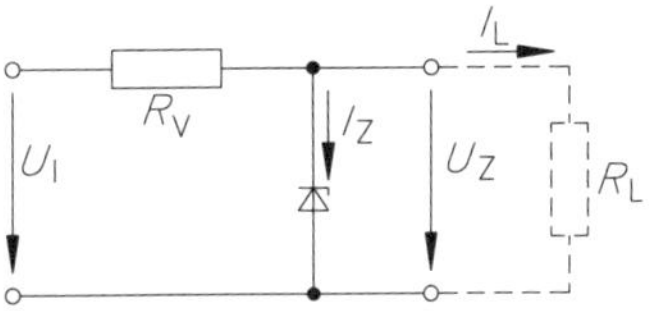

obere Grenze für Vorwiderstand: $$R_{\text{Vmax}} = \frac{U_{\text{I min}} - U_Z}{I_{\text{Z min}} + I_{\text{L max}}}$$

untere Grenze für Vorwiderstand:

$$R_{\text{Vmin}} = \frac{U_{\text{I max}} - U_Z}{I_{\text{Z max}} + I_{\text{L min}}}$$

Verlustleistung im Vorwiderstand:

$$P_{\text{RV}} = \frac{(U_{\text{I max}} - U_Z)^2}{R_V}$$

Verlustleistung der Z-Diode:

$$P_Z = \left(\frac{U_{\text{I max}} - U_Z}{R_V} - I_{\text{L min}}\right) \cdot U_Z$$

Zulässiger Z-Diodenstrom:

$$I_{\text{Z max}} = \frac{P_{\text{Z max}}}{U_Z}$$

Spannungsänderung an Z-Diode:

$\Delta U_Z = \Delta I_Z \cdot r_Z$ r_Z differentieller Widerstand der Z-Diode im Arbeitspunkt

Glättungsfaktor:

$$G = \frac{U_{W1}}{U_{W2}} = \frac{\Delta U_I}{\Delta U_Z} = \frac{R_V}{r_Z} + 1 \approx \frac{R_v}{r_Z}$$

Stabilisierungsfaktor:

$$S = G \cdot \frac{U_Z}{U_I}$$

Dimensionierungsvorschlag:

$$I_{\text{Z min}} \approx 0{,}1 \cdot I_{\text{Z max}}$$

18.3.2 Mit Z-Diode und Längstransistor

Ausgangsspannung:

$$U_Q = U_Z - U_{BE}$$

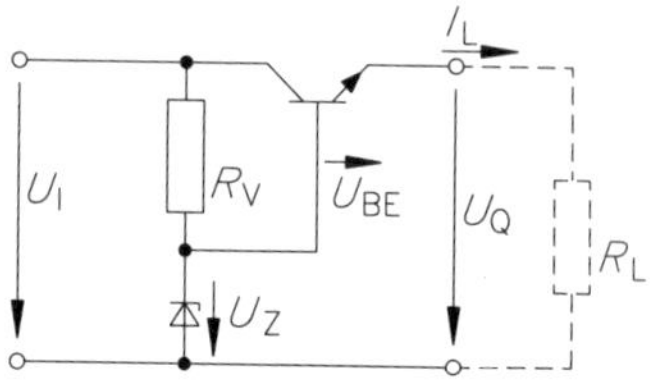

Basisstrom:

$$I_B = \frac{I_L}{B + 1} \approx \frac{I_L}{B}$$

Strom in der Z-Diode:

$$I_Z = \frac{U_I - U_Z}{R_V} - I_B$$

Transistor-Verlustleistung:

$$P_T = (U_I - U_Q) \cdot I_L$$

obere Grenze für Vorwiderstand:

$$R_{V\,max} = \frac{U_{I\,min} - U_Z}{I_{Z\,min} + I_{L\,max}/B}$$

untere Grenze für Vorwiderstand:

$$R_{V\,min} = \frac{U_{I\,max} - U_Z}{I_{Z\,max} + I_{L\,min}/B}$$

18.4 Bipolartransistor als Schalter

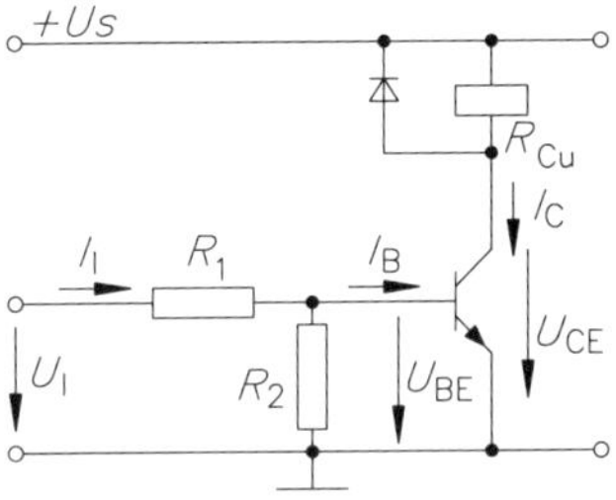

a) Transistor sperrt
Kollektorstrom:

$$I_C = 0$$

Basisstrom:

$$I_B = 0$$

maximaler L-Pegel am Eingang:

$$U_{IL\,max} = U_{BE}\,\frac{R_1 + R_2}{R_2}$$

b) Transistor leitet (übersteuert)
Kollektorstrom:

$$I_C = \frac{U_S - U_{CEsat}}{R_{Cu}} \approx \frac{U_S}{R_{Cu}}$$

Basisstrom:

$$I_B = \frac{I_C \cdot \ddot{u}}{B}$$

Übersteuerungsfaktor:

$$\ddot{u} = \frac{B}{B'}$$

B garantierte Mindeststromverstärkung laut Datenblatt
B′ erforderliche Stromverstärkung in der Schaltung

Eingangsstrom:

$$I_I = I_B + \frac{U_{BE}}{R_2}$$

minimaler H-Pegel am Eingang:

$$U_{IH\,min} = I_I \cdot R_1 + U_{BE}$$

Richtwerte für Dimensionierung (Siliziumtransistor)
für sperrenden Transistor:

$$U_{BE} \leq 0{,}5\ \text{V}$$

für leitenden Transistor:

$$U_{BE} \geq 0{,}7\ \text{V};\ U_{CEsat} \approx 0{,}2\ \text{V} \ldots 0{,}5\ \text{V}$$

Übersteuerungsfaktor:

$$\ddot{u} \approx 2 \ldots 5$$

18.5 Linearverstärker mit Transistoren

18.5.1 Nf-Verstärker mit Bipolartransistor in Emitterschaltung

Kollektorstrom:

$$I_C = \frac{U_S - U_{CE} - U_E}{R_C}$$

Basisstrom:

$$I_B = \frac{I_c}{B}$$

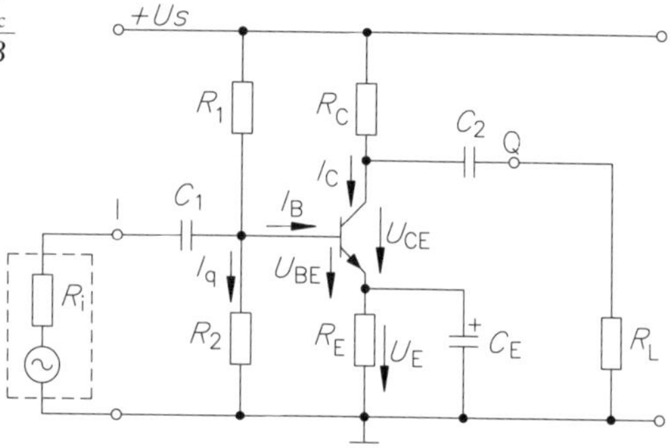

Spannungsteiler:

$$R_2 = \frac{U_{BE} + U_E}{I_q}$$

$$R_1 = \frac{U_S - U_{BE} - U_E}{I_q + I_B}$$

Richtwerte für Dimensionierung

$$R_C \leq R_L$$

Ausgangswiderstand:

$$r_Q = \frac{1}{\frac{1}{R_C} + \frac{1}{r_{CE}}} \approx R_C$$

$U_{BE} \approx 0{,}65$ V $\qquad U_E \approx 1$ V $\qquad I_q \approx 5 \cdot I_B$

$$U_{CE} \approx \frac{U_S - U_E}{2}$$ für maximale Aussteuerbarkeit

$$C_E \approx \frac{10}{2 \cdot \pi \cdot f_u \cdot R_E}$$ f_u untere Grenzfrequenz

$$C_1 \approx \frac{10}{2 \cdot \pi \cdot f_u \cdot r_I}$$

Eingangswiderstand:

$$r_I = \frac{1}{\frac{1}{R_1} + \frac{1}{R_2} + \frac{1}{r_{BE}}}$$

$$C_2 \approx \frac{10}{2 \cdot \pi \cdot f_u \cdot (R_L + R_C)}$$

18.5.2 Impedanzwandler mit Bipolartransistor in Kollektorschaltung (Emitterfolger)

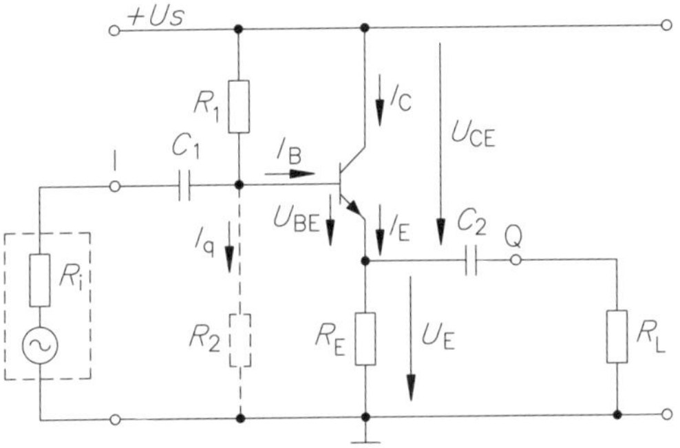

Kollektorstrom:

$$I_C = I_E - I_B \approx I_E = \frac{U_E}{R_E} = \frac{U_S - U_{CE}}{R_E}$$

Basisstrom:

$$I_B = \frac{I_C}{B} = \frac{I_E}{B+1} \approx \frac{I_E}{B}$$

Basisvorwiderstand ($I_q = 0$):

$$R_1 = \frac{U_S - U_E - U_{BE}}{I_B}$$

Basisspannungsteiler:

$$R_1 = \frac{U_S - U_E - U_{BE}}{I_B + I_q}$$

$$R_2 = \frac{U_E + U_{BE}}{I_q}$$

Eingangswiderstand:

$$r_I \approx (R_1 \| R_2) \| B \cdot (R_E \| R_L)^*$$

Ausgangswiderstand:

$$r_Q \approx \frac{R_1 \| R_2 \| R_i}{B} \| R_E^*$$

* Schreibweise für Parallelersatzwiderstand z. B.: $R_1 \| R_2 = \frac{1}{\frac{1}{R_1} + \frac{1}{R_2}}$

18.5.3 Nf-Verstärker mit FET in Sourceschaltung

Steilheit der Steuerkennlinie im Arbeitspunkt (aus Datenblatt):

$$S = \frac{\Delta I_D}{\Delta U_{GS}}$$

Spannungsverstärkung:

$$v_U \approx S \cdot \frac{1}{\frac{1}{R_D} + \frac{1}{R_L}}$$

Sourcewiderstand:

$$R_S = \frac{|U_{GS}|}{I_D}$$

Eingangswiderstand:

$$r_I \approx R_G$$

Ausgangswiderstand:

$$r_Q \approx R_D$$

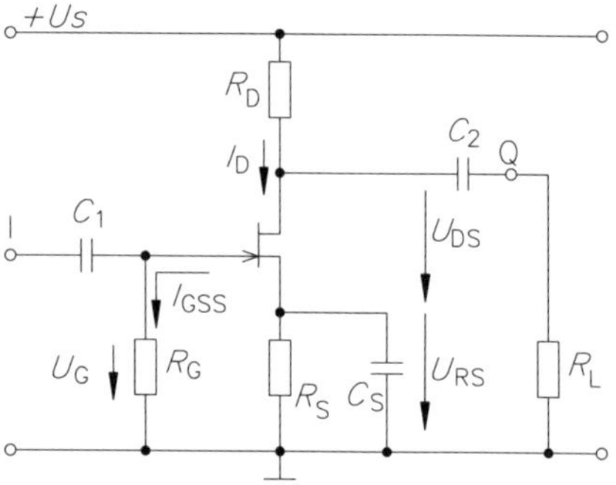

Richtwerte für Dimensionierung

$$R_D \leq R_L$$

$$U_{DS} \approx \frac{U_S - U_{RS}}{2}$$ für maximale Aussteuerbarkeit

R_G nur so groß, daß $U_G \ll U_{RS}$
auch bei größtem Sperrstrom I_{DSS}

$$R_G < \frac{0{,}1 \cdot U_{RS}}{I_{GSS}}$$

$$C_S \approx \frac{10}{2 \cdot \pi \cdot f_u \cdot R_S}$$ f_u untere Grenzfrequenz

$$C_1 \approx \frac{10}{2 \cdot \pi \cdot f_u \cdot R_G}$$

$$C_2 \approx \frac{10}{2 \cdot \pi \cdot f_u \cdot (R_D + R_L)}$$

18.5.4 Sperrschicht-FET in Drainschaltung (Sourcefolger)

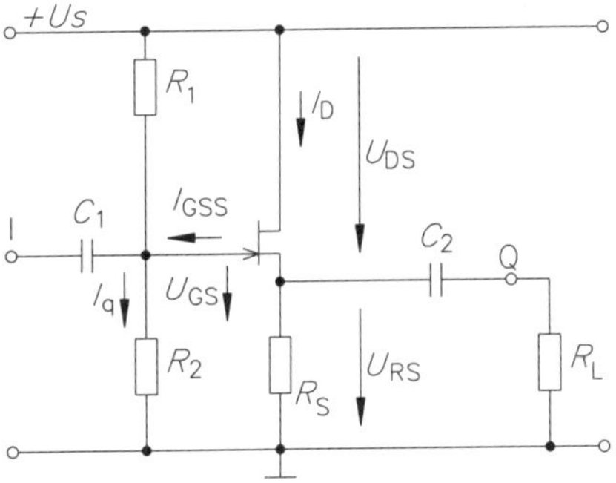

Steilheit der Steuerkennlinie im Arbeitspunkt (aus Datenblatt):

$$S = \frac{\Delta I_{D}}{\Delta U_{GS}}$$

Spannungsverstärkung:

$$V_{U} \approx 1$$

Eingangswiderstand:

$$r_{I} \approx \frac{1}{\frac{1}{R_1} + \frac{1}{R_2}}$$

Ausgangswiderstand:

$$r_{Q} \approx \frac{1}{S + \frac{1}{R_S}}$$

Spannungsteiler:

$$R_1 \approx \frac{U_{RS} - |U_{GS}|}{I_q}$$

$$R_2 \approx \frac{U_S - U_{RS} + |U_{GS}|}{I_q}$$

Richtwerte für Dimensionierung

$U_{DS} \approx U_S/2$	für maximale Aussteuerbarkeit
$r_Q < R_L$	
$I_q \gg I_{GSS}$	I_{GSS} größter Gate-Sperrstrom (bei ϑ_{max})

18.6 Operationsverstärker

18.6.1 Kenndaten von Operationsverstärkern

Datenvergleich, Verstärker unbeschaltet:

Eigenschaft	idealer Verstärker	realer Verstärker Bipolar-Eingang Typ 741	FET-Eingang Typ LF355
Spannungsverstärkung	∞	106 dB	106 dB
Eingangswiderstand	∞	2 MΩ	1 TΩ
Ausgangswiderstand	0	75 Ω	50 Ω
Gleichtaktunterdrückung	∞	90 dB	100 dB
Transitfrequenz	∞	1 MHz	20 MHz
Anstiegsgeschwindigkeit	∞	0,5 V/µs	50 V/µs

Spannungsverstärkung:

$\Delta U_Q / \Delta U_I$ (Differenzverstärkung)

Eingangswiderstand:

$\Delta U_I / \Delta I_I$

Ausgangswiderstand:

$\Delta U_Q / \Delta I_Q$

Anstiegsgeschwindigkeit:

$\Delta U_Q / \Delta t$

Gleichtaktunterdrückung:

V_D / V_{Gl}

V_D Differenzverstärkung
V_{Gl} Gleichtaktverstärkung

Transitfrequenz f_T, die Frequenz, bei der v_D auf 0 dB abgesunken ist.

Obere Grenzfrequenz eines OP-Verstärkers mit Gegenkopplung:

$$f_0 = \frac{f_T}{V_U}$$

18.6.2 Invertierender Verstärker

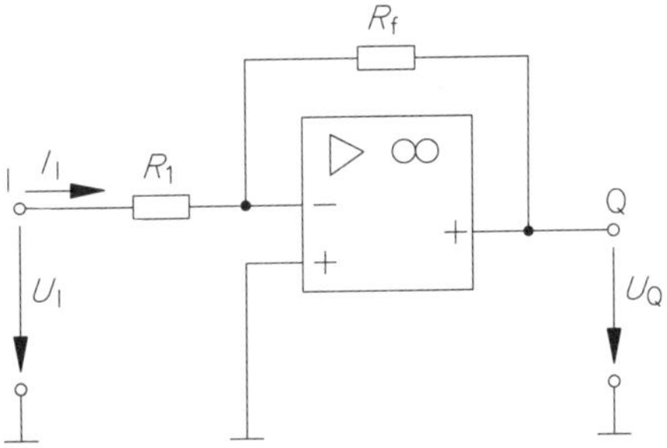

$$V_u = -\frac{R_f}{R_1}$$

$$R_I = R_1$$

18.6.3 Nichtinvertierender Verstärker

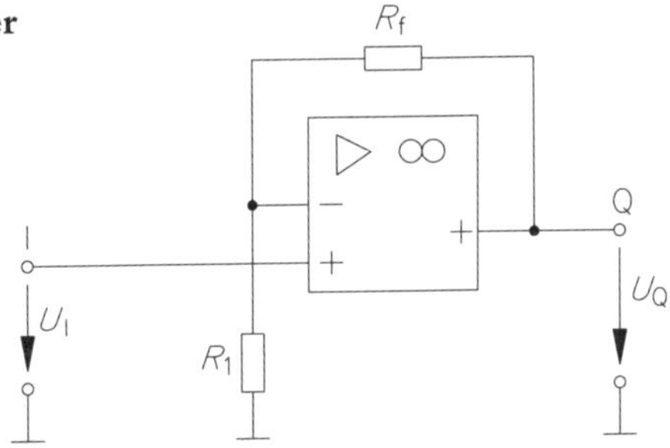

$$V_u = 1 + \frac{R_f}{R_1}$$

$$R_I \rightarrow \infty$$

18.6.4 Impendanzwandler (Spannungsfolger)

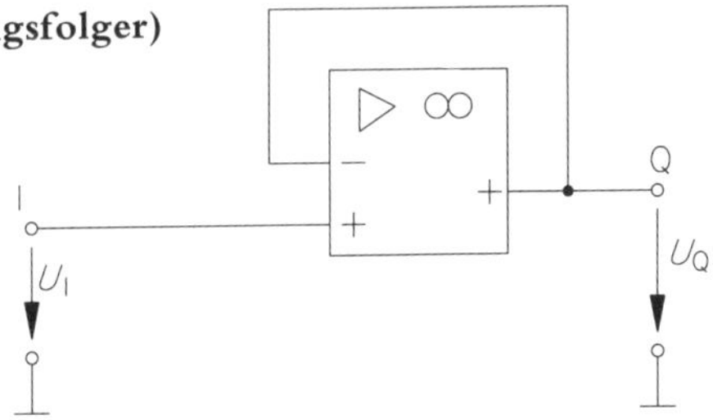

$$V_u = 1$$

$$R_I \rightarrow \infty$$

18.6.5 Summierender Verstärker (Addierer)

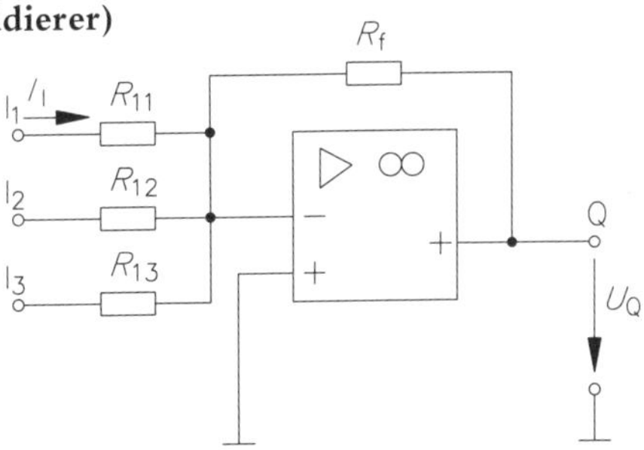

$$U_Q = -R_f\left(\frac{U_{I1}}{R_{11}} + \frac{U_{I2}}{R_{12}} + \frac{U_{I3}}{R_{13}}\right)$$

$$R_{I1} = R_{11}$$

Wenn $R_{11} = R_{12} = R_{13}$:

$$U_Q = -\frac{R_f}{R_{11}} \cdot (U_{I1} + U_{I2} + U_{I3})$$

18.6.6 Subtrahierender Verstärker (Differenzverstärker)

Mit $\frac{R_f}{R_2} = \frac{R_3}{R_1}$:

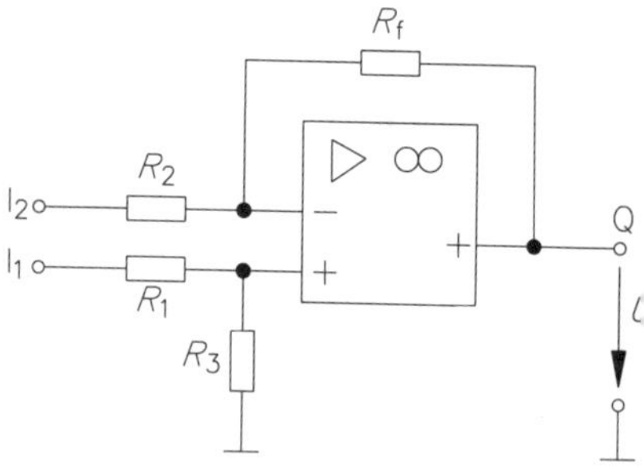

$$U_Q = \frac{R_f}{R_2} \cdot (U_{I1} - U_{I2})$$

$$R_{I1} = R_1 + R_3$$

$$R_{I2} = \frac{U_{I2} \cdot R_2}{U_{I2} - U_1} \qquad U_1 = \frac{U_{I1} \cdot R_3}{R_1 + R_3}$$

18.6.7 Schmitt-Trigger (invertierend)

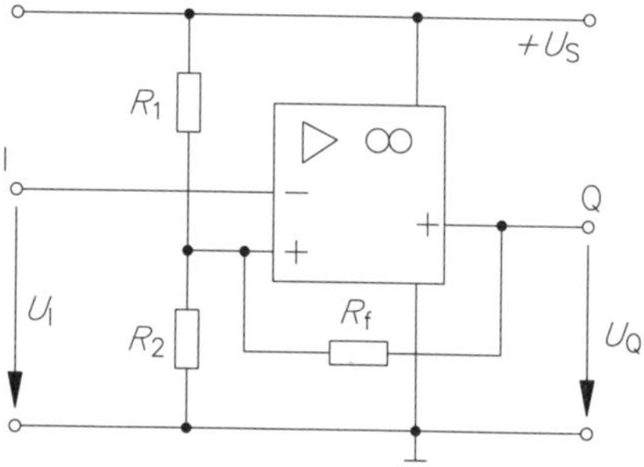

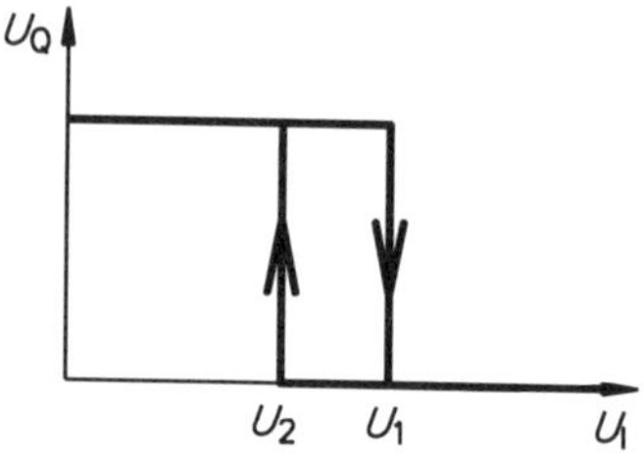

$$U_1 = U_S \cdot \frac{R_2}{(R_1 \| R_f) + R_2}* \qquad R_I \rightarrow \infty$$

$$U_2 = U_S \cdot \frac{R_2 \| R_f}{(R_2 \| R_f) + R_1}*$$

Hysterese:

$$\Delta U = U_1 - U_2$$

18.6.8 Integrierender Verstärker (Integrierer)

$R_f \gg R$ (Offsetkompensation)

$$\Delta u_Q = -\frac{U_I \cdot \Delta t}{R \cdot C} \text{ bei } U_I = \text{konstant}$$

Eingangswiderstand: $R_I = R$

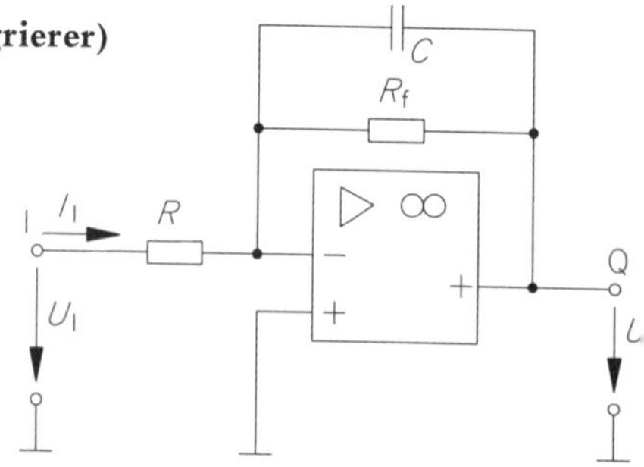

Spannungsverstärkung
bei sinusförmigem Signal:

$$|V_u| = \frac{X_C}{R} = \frac{1}{2 \cdot \pi \cdot f \cdot R \cdot C}$$

* Schreibweise für Parallelersatzwiderstand z. B.: $R_1 \| R_2 = \frac{1}{\frac{1}{R_1} + \frac{1}{R_2}}$

18.6.9 Differenzierender Verstärker (Differenzierer)

$$u_Q = -R \cdot C \cdot \frac{\Delta u_I}{\Delta t}$$

Spannungsverstärkung bei sinusförmigem Signal:

$$|V_u| = \frac{R}{X_C} = 2 \cdot \pi \cdot f \cdot R \cdot C$$

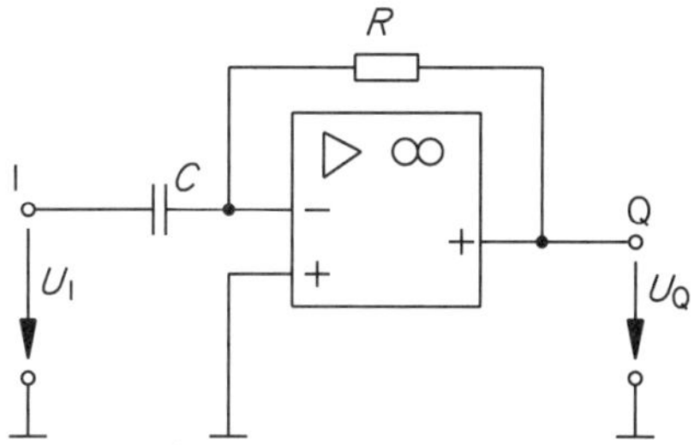

18.6.10 Konstantspannungsquelle

$$U_Q = U_Z$$

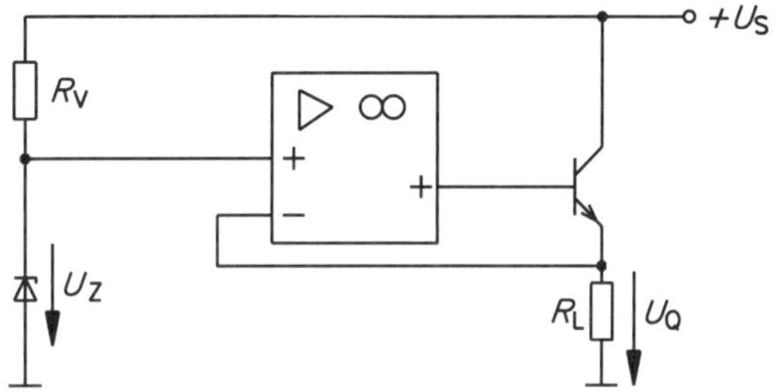

18.6.11 Konstantstromquelle

$$I = \frac{U_Z}{R}$$

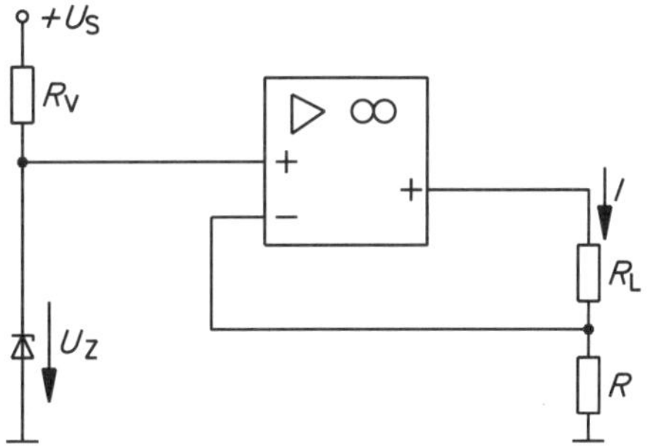

19 Funktionssymbole der Digital- und Steuerungstechnik

19.1 Verknüpfungsglieder

Benennung	Funktionssymbol	Wahrheitstafel *B*	 *A*	 *Q*	Funktionsgleichung
NICHT (NOT) (Negation)	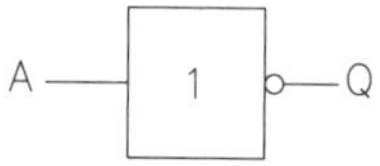		0 1	1 0	$Q = \overline{A}$
UND (AND) (Konjunktion)	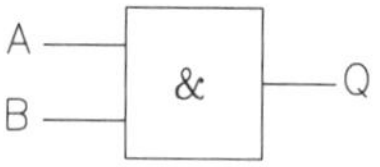	0 0 1 1	0 1 0 1	0 0 0 1	$Q = A \wedge B$
ODER (OR) (Disjunktion)	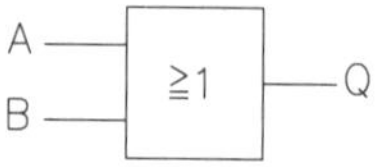	0 0 1 1	0 1 0 1	0 1 1 1	$Q = A \vee B$
NAND	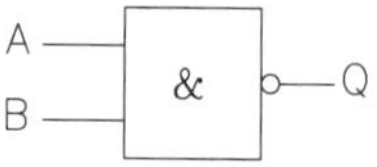	0 0 1 1	0 1 0 1	1 1 1 0	$Q = \overline{A \wedge B}$
NOR	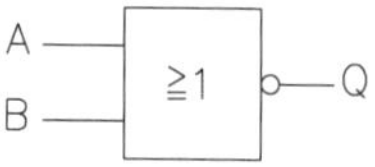	0 0 1 1	0 1 0 1	1 0 0 0	$Q = \overline{A \vee B}$
EXKLUSIV-ODER (EXOR) (Antivalenz)	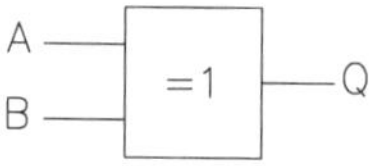	0 0 1 1	0 1 0 1	0 1 1 0	$Q = A \wedge \overline{B} \vee \overline{A} \wedge B$
ÄQUIVALENZ EXNOR	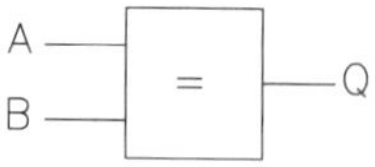	0 0 1 1	0 1 0 1	1 0 0 1	$Q = \overline{A} \wedge \overline{B} \vee A \wedge B$

19.2 Bistabile Kippglieder

Benennung	Funktionssymbol	*A*	*B*	*Q*
RS-Kippglied	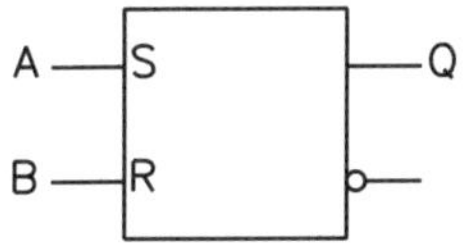	0	0	unverändert
		0	1	0 rücksetzen
		1	0	1 setzen
		1	1	verboten
RS-Kippglied mit Priorität für Rücksetzen	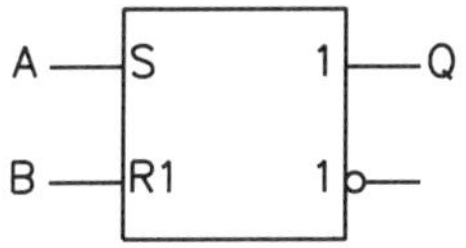	0	0	unverändert
		0	1	0 rücksetzen
		1	0	1 setzen
		1	1	0 rücksetzen
RS-Kippglied mit Priorität für Setzen	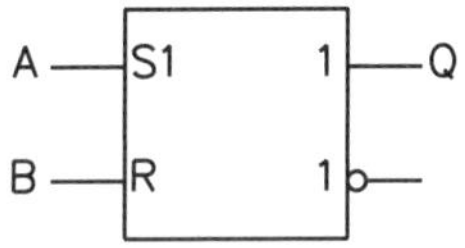	0	0	unverändert
		0	1	0 rücksetzen
		1	0	1 setzen
		1	1	1 setzen
RS-Kippglied mit Priorität für das zuerst eintreffende Signal	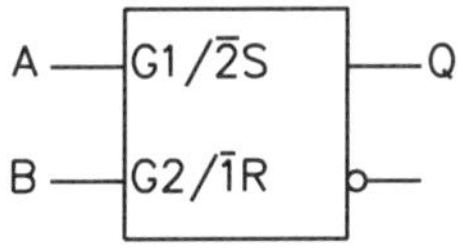	0	0	unverändert
		0	1	0 rücksetzen
		1	0	1 setzen
		1	1	unverändert
$\overline{R}\,\overline{S}$-Kippglied	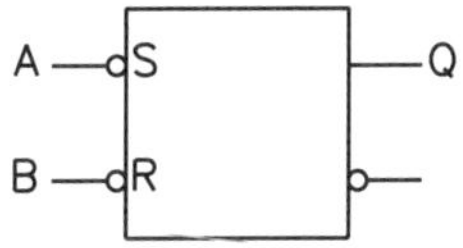	0	0	verboten
		0	1	1 setzen
		1	0	0 rücksetzen
		1	1	unverändert

Taktgesteuerte, bistabile Kippglieder

Q_{tn} Zustand vor dem Taktimpuls

Q_{tn+1} Zustand nach dem Taktimpuls

RS-Kippglied mit Taktzustandssteuerung	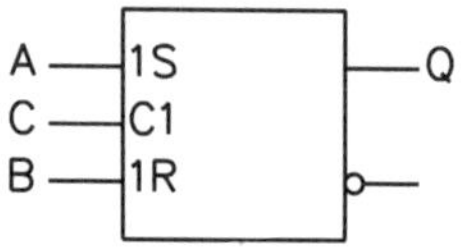	*A*	*B*	Q_{tn+1}	
		0	0	Q_{tn}	unverändert
		0	1	0	rücksetzen
		1	0	1	setzen
		1	1	–	verboten
JK-Kippglied, einflankengesteuert (mit abfallender Flanke)	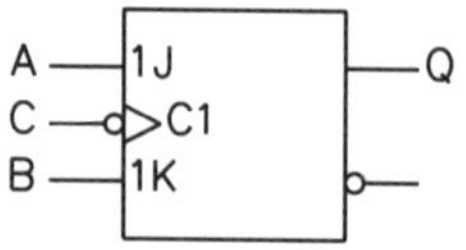	*A*	*B*	Q_{tn+1}	
		0	0	Q_{tn}	unverändert
		0	1	0	rücksetzen
		1	0	1	setzen
		1	1	$\overline{Q}_{tn}$	Änderung
JK-Master-Slave-Kippglied, zweiflankengesteuert (Vorbereitung mit ansteigender und Ausgangsänderung mit abfallender Flanke)	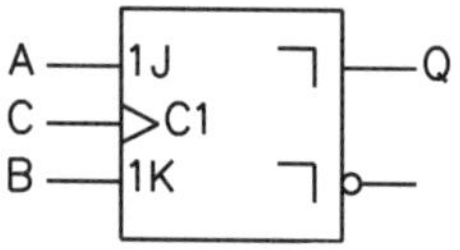	*A*	*B*	Q_{tn+1}	
		0	0	Q_{tn}	unverändert
		0	1	0	rücksetzen
		1	0	1	setzen
		1	1	$\overline{Q}_{tn}$	Änderung
T-Kippglied, Binärteiler (Frequenzteiler)	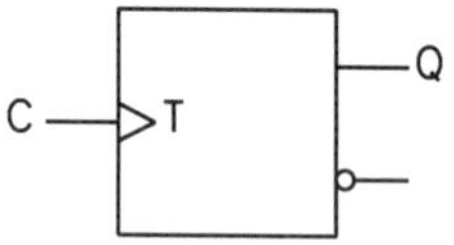	$Q_{tn+1} = \overline{Q}_{tn}$			
D-Kippglied Zustandsgesteuert	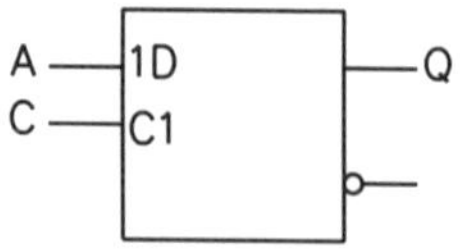	*C*	*A*	Q_{tn+1}	
		0	0	Q_{tn}	unverändert
		0	1	Q_{tn}	unverändert
		1	0	0	rücksetzen
		1	1	1	setzen
D-Kippglied Zweiflankengesteuert	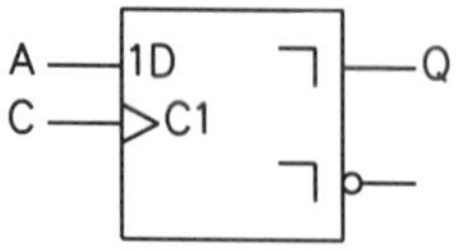		*A*	Q_{tn+1}	
			0	0	rücksetzen
			1	1	setzen

19.3 Monostabile Kippglieder, Verzögerungsglied

Benennung	Funktionssymbol	Signal-Zeit-Diagramm
monostabiles Kippglied allgemein (*MF*)	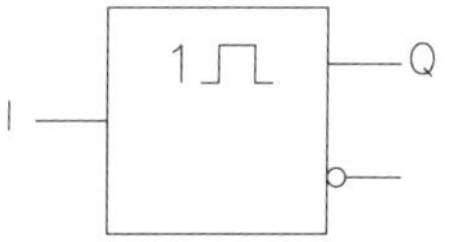	
MF nicht nachtriggerbar mit Angabe der Impulszeit, Triggerung mit ansteigender Flanke	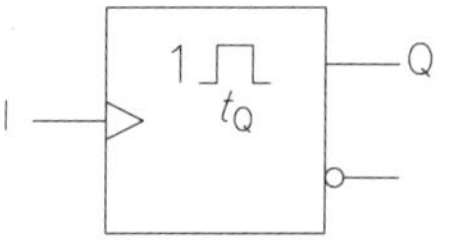	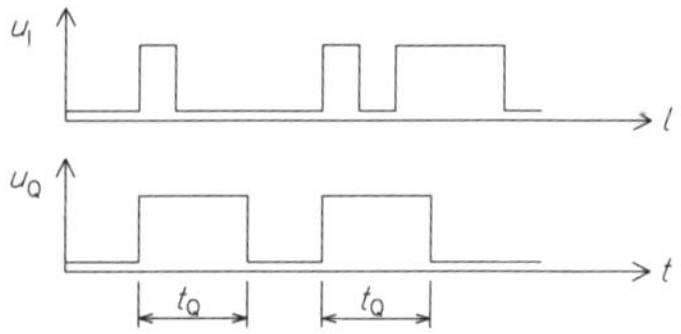
MF nachtriggerbar mit Angabe der Impulszeit, Triggerung mit ansteigender Flanke	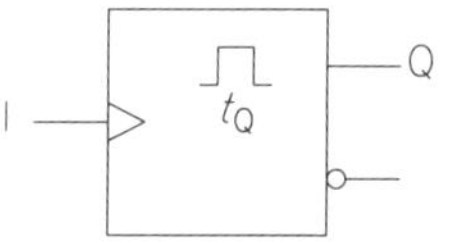	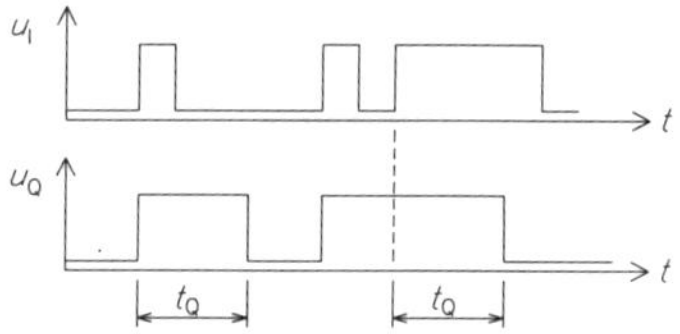
Verzögerungsglied mit Angabe der Verzögerungszeiten	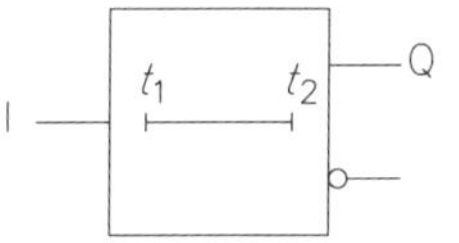	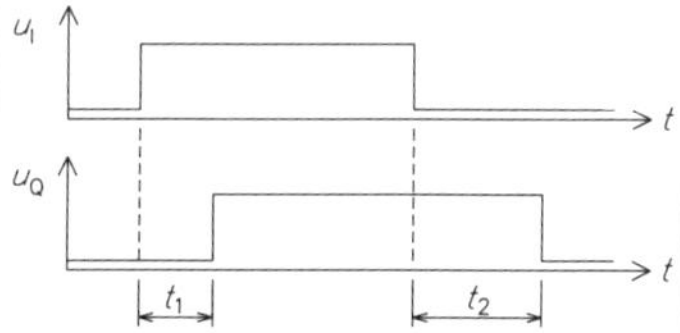

19.4 Zähler, Schieberegister (Beispiele)

in vereinfachter Darstellung mit Steuerblock

Benennung	Funktionssymbol	Bemerkung
4-Bit-vorwärtszählender Dualzähler von 0 bis 15 (Teiler durch 16).	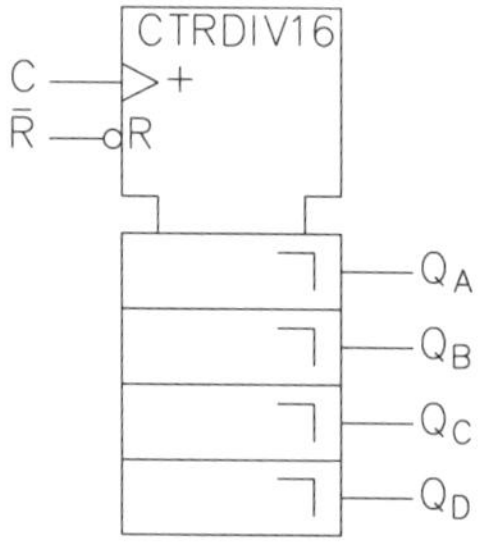	Bei jeder abfallenden Flanke an C erhöht sich der Zählerinhalt um den Wert 1 (wenn am Rückstelleingang $\overline{R} = 1$).
dezimaler Vor-/Rückwärtszähler (BCD-Zähler, Zähldekade) mit Eingängen für paralleles Laden.	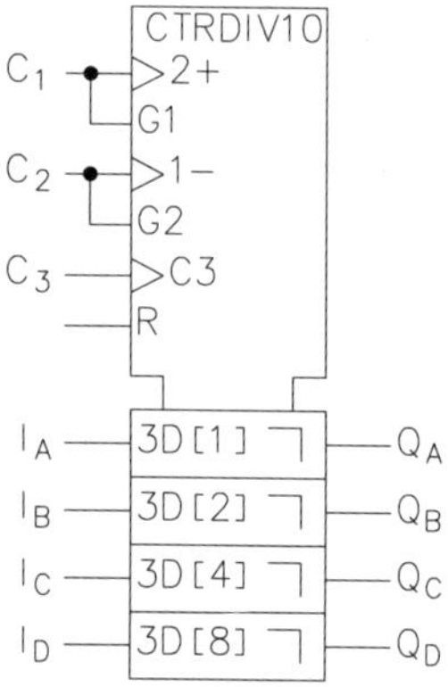	Wenn $C_2 = 1$, erhöht sich der Zählerinhalt mit jeder abfallenden Flanke an C_1 um den Wert 1. Bei $C_1 = 1$ erniedrigt sich der Zählerinhalt bei jeder abfallenden Flanke an C_2 um den Wert 1. Mit der abfallenden Flanke an C_3 übernimmt der Zähler den an den Paralleleingängen I_A bis I_D anstehenden Wert.
4-Bit-Schieberegister rechtsschiebend mit Eingängen für paralleles Laden.	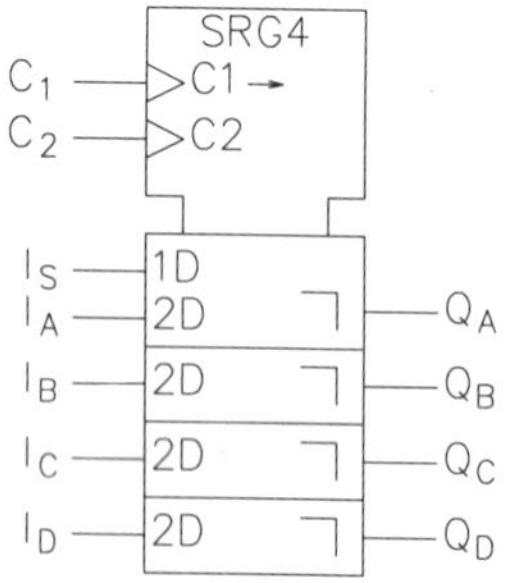	Mit der abfallenden Flanke am Eingang C_1 erfolgt die Verschiebung des Inhalts um eine Stelle höher (nach unten). Das am seriellen Eingang I_S anliegende Signal wird in das erste Kippglied übernommen. Mit der abfallenden Flanke an C_2 übernimmt das SRG den an den Paralleleingängen I_A bis I_D anstehenden Wert.

19.5 Automatisierungstechnik (Befehlsdarstellung)

<table>
<tr><th>Kurzform</th><th>Ausführliche Darstellung</th></tr>
<tr><td>Schritt
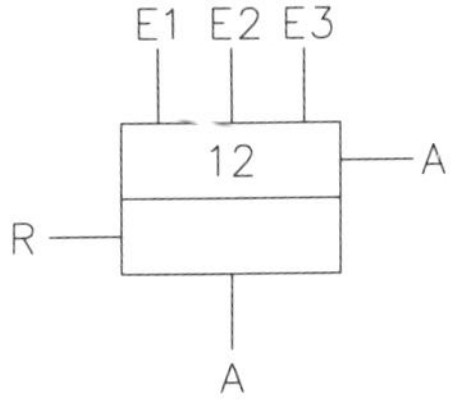
</td><td>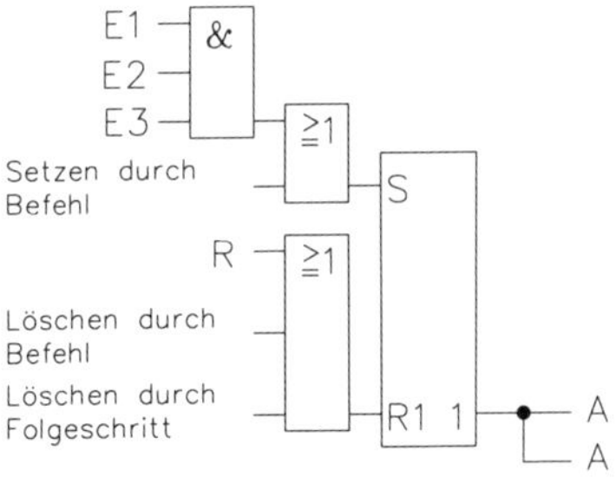
</td></tr>
<tr><td>nichtspeichernder Befehl
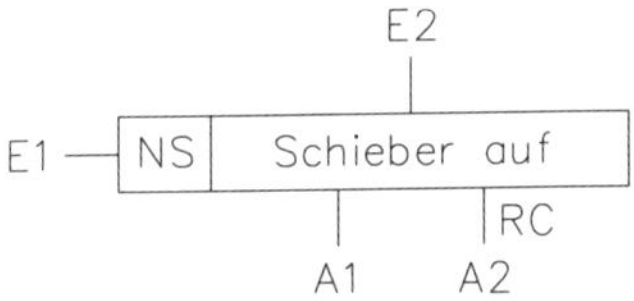
</td><td>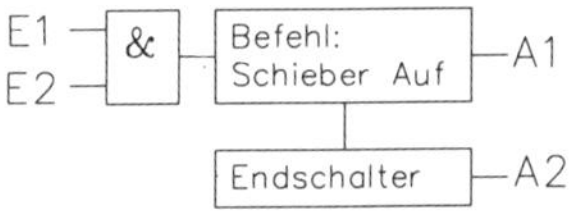
</td></tr>
<tr><td>nichtspeichernder, verzögerter Befehl
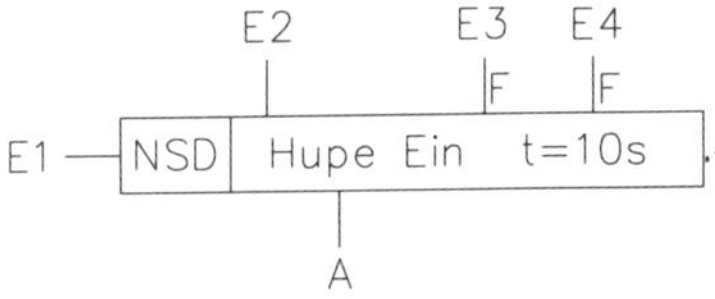
</td><td>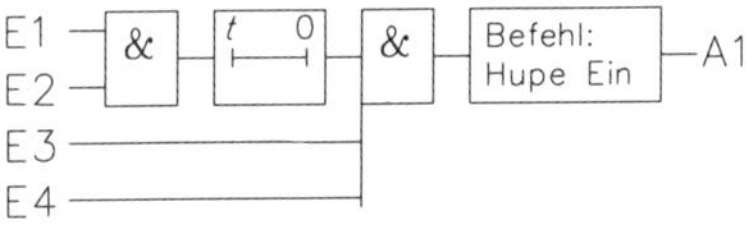
</td></tr>
<tr><td>speichernder Befehl
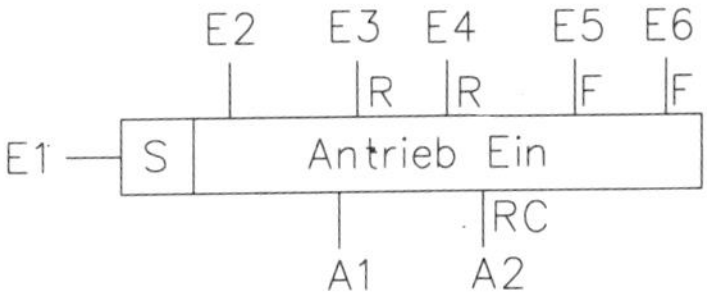
</td><td>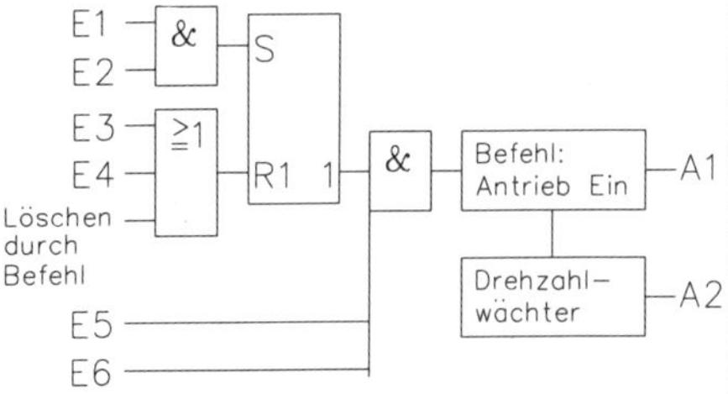
</td></tr>
</table>

<table>
<tr><th>Kurzform</th><th>Ausführliche Darstellung</th></tr>
<tr><td>speichernder und verzögerter Befehl

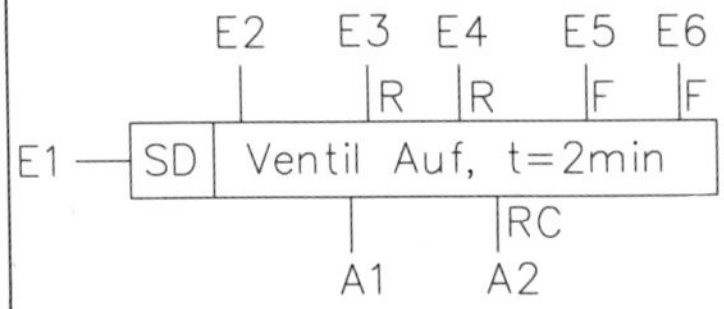
</td><td>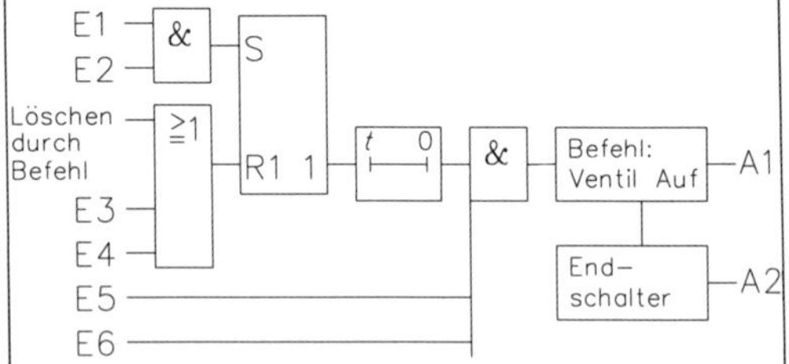
</td></tr>
<tr><td>speichernder und zeitlich begrenzter Befehl

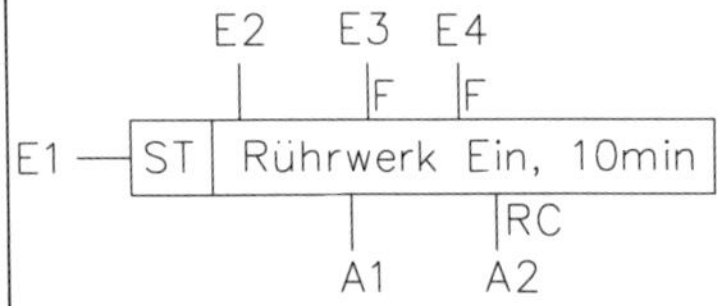
</td><td>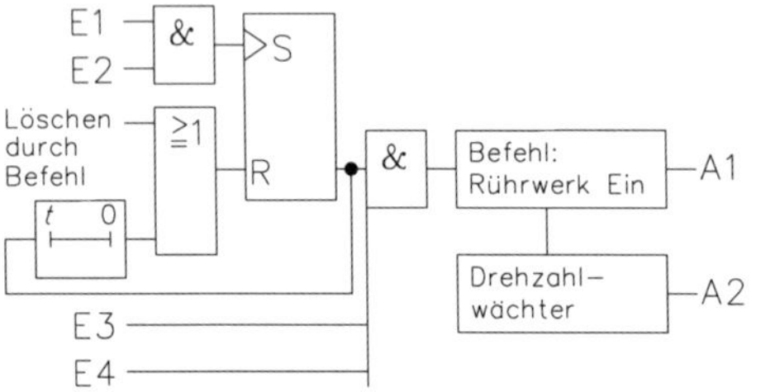
</td></tr>
</table>

20 Tabellen

20.1 Materialkonstanten einiger Stoffe

Stoff	elektrische Leitfähigkeit κ in $\frac{m}{\Omega \cdot mm^2}$	Dichte ρ in $\frac{kg}{dm^3}$	spezifische Wärmemenge c in $\frac{J}{kg \cdot K}$	elektrischer Widerstands-Temperaturbeiwert α in $\frac{\Omega}{\Omega \cdot K} = \frac{1}{K}$	elektrochemisches Äquivalent c in $\frac{mg}{A \cdot s}$
Aluminium	36	2,7	891,8	$4{,}0 \cdot 10^{-3}$	$9{,}4 \cdot 10^{-2}$
Blei	4,8	11,34	125,6	$4{,}2 \cdot 10^{-3}$	1,072
Bronze	36	8,5	388	$5{,}0 \cdot 10^{-3}$	
Chromnickel	1	8,5	460,2	$7{,}0 \cdot 10^{-4}$	
Eis		0,9	2093,4		
Eisen	10	7,85	460,2	$5{,}8 \cdot 10^{-3}$	$2{,}89 \cdot 10^{-1}$
Gold	43,5	19,3	133	$3{,}8 \cdot 10^{-3}$	$6{,}81 \cdot 10^{-1}$
Konstantan	2	8,8	418,7	$\pm 4{,}0 \cdot 10^{-5}$	
Kupfer	56	8,9	385	$3{,}9 \cdot 10^{-3}$	$3{,}28 \cdot 10^{-1}$
Messing	13,5	8,5	388	$1{,}5 \cdot 10^{-3}$	
Nickelin	2,5	8,8	395,5	$\pm 1{,}5 \cdot 10^{-4}$	$3{,}04 \cdot 10^{-1}$
Öl		0,91	1674		
Silber	62,5	10,5	244,2	$3{,}6 \cdot 10^{-3}$	1,118
Stahl	7,7	7,85	477	$5{,}2 \cdot 10^{-3}$	
Wasser		1	4186,8		
Wolfram	18,6	19,3		$4{,}8 \cdot 10^{-3}$	
Zink	15,9	7,2	388	$3{,}7 \cdot 10^{-3}$	$3{,}39 \cdot 10^{-1}$

20.2 Internationale Normreihen

E 6	1,0				1,5				2,2				3,3				4,7				6,8			
E 12	1,0		1,2		1,5		1,8		2,2		2,7		3,3		3,9		4,7		5,6		6,8		8,2	
E 24	1,0	1,1	1,2	1,3	1,5	1,6	1,8	2,0	2,2	2,4	2,7	3,0	3,3	3,6	3,9	4,3	4,7	5,1	5,6	6,2	6,8	7,5	8,2	9,1

Toleranzen zu den einzelnen Reihen sind: E 6: ± 20%; E 12: ± 10%; E 24: ± 5%

20.3 Internationale Farbkennzeichnungen von Widerständen und Kondensatoren (bis Reihe E24)

Farbe der Punkte oder Ringe		Schwarz	Braun	Rot	Orange	Gelb	Grün	Blau	Violett	Grau	Weiß	Gold	Silber	ohne Farbe
	Bedeutung													
1. Ring	1. Ziffer	–	1	2	3	4	5	6	7	8	9	–	–	–
2. Ring	2. Ziffer	0	1	2	3	4	5	6	7	8	9	–	–	–
3. Ring	Multiplikator	1	10	10^2	10^3	10^4	10^5	10^6	10^7	10^8	10^9	0,1	0,01	–
4. Ring	Toleranz in %	–	± 1	± 2	–	–	± 0,5	–	–	–	–	± 5	± 10	± 20
5. Ring*	Betriebssp. in V	–	100	200	300	400	500	600	700	800	900	1000	2000	500

Die Farbkennzeichnung von Widerständen entspricht DIN 41 429 Werte in Ω oder pF
* Bei Kondensatoren werden meist 5 Punkte oder Ringe verwendet.

Widerstände der Reihen E48 (±2%) und E96 (±1%) benötigen drei Ziffern und sind durch fünf Farbringe mit folgender Bedeutung gekennzeichnet:
1. Ring = 1. Ziffer; 2. Ring = 2. Ziffer; 3. Ring = 3. Ziffer; 4. Ring = Multiplikator; 5. Ring = Toleranz

20.4 Kennzeichnung von Kondensatoren

a) nur mit Ziffern

1. Zahl = Nennkapazität in µF oder pF (muß aus Baugröße und -art erkannt werden)
2. Zahl = Toleranz der Nennkapazität
3. Zahl = Nennspannung

Bei Elektrolytkondensatoren sind meist nur Nennkapazität und Nennspannung angegeben:

Beispiele:

Kunstoff-Folienkondensator	10000/10/400	= 10 nF ±10% / 400 V
Kunstoff-Folienkondensator	0,47/20/100	= 0,47 µF ±20% / 100 V
Elektrolytkondensator	220/25	= 220 µF / 25 V

b) mit Ziffern und Buchstaben

1. Kennbuchstabe: Multiplikator:

p	10^{-12}	Pico
n	10^{-9}	Nano
µ	10^{-6}	Mikro
m	10^{-3}	Milli

2. Kennbuchstabe: Toleranzgrenzen:

B	±0,1%	W	+20% . . . 0
C	±0,25%	Q	+30% . . . −10%
D	±0,5%	R	+30% . . . −20%
F	±1%	Y	+50% . . . 0
G	±2%	T	+50% . . . −10%
H	±2,5%	S	+50% . . . −20%
J	±5%	U	+80% . . . 0
K	±10%	Z	+80% . . . −20%
M	±20%	V	+100% . . . −10%
N	±30%		

Beispiele:	3n3K	3,3 nF ±10%
	n47M	470 pF ±20%
	22µR	22 µF +30% . . . −20%

20.5 Bezeichnungsschema für Halbleiterbauelemente nach dem Proelektron-Typenschlüssel

Beispiel: B C X 85

85: Registriernummer (2 oder 3 Stellen)

X: wenn 3. Buchstabe vorhanden, Hinweis auf auf Bauteil für kommerzielle Anwendung

C: Hauptanwendungsbereich

B: Halbleitermaterial

1. Buchstabe: Halbleitermaterial

A	Germanium
B	Silizium
	Verbindungshalbleiter (Gruppe III/V):
C	Galliumarsenid (z. B. für Leuchtdioden)
D	Indiumantimonid (z. B. für Hall-Generatoren und Feldplatten)
R	Fotohalbleitermaterial z. B. Kadmiumsulfid (Fotowiderstand)

2. Buchstabe: Hauptanwendungsbereich (bei Bauelementen höherer Leistung ist der thermische Widerstand zwischen Sperrschicht und Gehäuse $R_{thJG} \leq 15$ K/W)

A	Signaldiode
B	Kapazitätsdiode, Abstimmdiode
C	Transistor kleiner Leistung für Nf-Anwendung
D	Transistor höherer Leistung für Nf-Anwendung
E	Tunneldiode
F	Transistor kleiner Leistung für Hf-Andwendung
H	Hall-Feldsonde
K	Hall-Generator im magnetisch offenen Kreis
L	Transistor höherer Leistung für Hf-Anwendung
M	Hall-Generator im magnetisch geschlossenen Kreis
N	Optoelektronisches Koppelelemnt (Optokoppler)
P	Strahlungsempfindliches Element (z. B. Fotodiode)
Q	Strahlungserzeugendes Element (z. B. LED, IRED)
R	Schalterelement kleiner Leistung mit elektrischer Auslösung (z. B. Unijunction-Transistor)
S	Transistor kleiner Leistung für Schalteranwendung
T	Schalterelement höherer Leistung mit elektrischer Auslösung oder durch Strahlung (z. B. Thyristor)
U	Transistor höherer Leistung für Schalteranwendung
X	Vervielfacherdiode (Varaktordiode)
Y	Gleichrichterdiode
Z	Z-Diode, Referenzdiode, Spannungsbegrenzerdiode

3. Buchstabe: (wenn vorhanden)

weist auf kommerzielle Anwendung hin, d. h. engere Toleranzen und strengere Qualitätsprüfung.

Ziffern: Zwei- bis dreistellige, fortlaufende Registriernummer

Angehängte Zusatzbezeichnung bei Z-Dioden:
z. B. BZX 85–C5V6

Der erste Buchstabe gibt die Toleranz der Z-Spannung an:

A	1% (E96)
B	2% (E48)
C	5% (E24)
D	10% (E12)
E	20% (E6)

Die nachfolgende Zahl gibt die Nenn-Z-Spannung an, wobei das V die Stelle des Dezimalpunktes annimmt: 5V6 = 5,6 V

Stichwortverzeichnis